Shazia Ramzan
Auyoub Bhat
Mushtaq Wani

Fracionamento de metais pesados utilizando um esquema de extração sequencial

Shazia Ramzan
Auyoub Bhat
Mushtaq Wani

Fracionamento de metais pesados utilizando um esquema de extração sequencial

ScienciaScripts

Imprint

Any brand names and product names mentioned in this book are subject to trademark, brand or patent protection and are trademarks or registered trademarks of their respective holders. The use of brand names, product names, common names, trade names, product descriptions etc. even without a particular marking in this work is in no way to be construed to mean that such names may be regarded as unrestricted in respect of trademark and brand protection legislation and could thus be used by anyone.

Cover image: www.ingimage.com

This book is a translation from the original published under ISBN 978-3-330-35242-1.

Publisher:
Sciencia Scripts
is a trademark of
Dodo Books Indian Ocean Ltd. and OmniScriptum S.R.L publishing group

120 High Road, East Finchley, London, N2 9ED, United Kingdom
Str. Armeneasca 28/1, office 1, Chisinau MD-2012, Republic of Moldova, Europe
Printed at: see last page
ISBN: 978-620-7-67853-2

AGRADECIMENTOS

Em nome do Todo-Poderoso, "Adafi'n, o mais benéfico e misericordioso, que a paz e as bênçãos estejam com Aody Brophet (SAWf sua família e seus companheiros. Curvo-me em reverência ao Todo-Poderoso por me dar coragem suficiente, paciência e sucesso nesta aventura

Aproveito esta oportunidade para expressar a minha sincera e profunda gratidão ao Dr. M. A. bhat, Professor Assistente, Division of Sod Science, SAfAST-A - Shadimar, presidente do meu comité consultivo, pela sua valiosa orientação e constante encorajamento ao longo do curso de estudo. A sua atitude dinâmica, a sua orientação inspiradora e o seu encorajamento sincero contribuíram para o êxito deste trabalho e permanecem como uma recordação muito especial.

Alimentei-me da obsessão com a ajuda e orientação encorajadoras que me foram disponibilizadas pelo Dr. TahirAdi, professor e chefe da Divisão de Ciências do Solo.

Estendo os meus sinceros agradecimentos aos membros do meu comité consultivo, Dr. Baihana Aabib, professor associado, coordenador do programa, AAA, Budgam (Dean bQ Nominee), Dr. N. A. Airmani, professor assistente, Division of Soid Science, SAfAST-A, Dr. T. A. baja, professor assistente, Division ofStatistics SAfAST-A e Dr. S. A. Aaq, professor assistente, Mountain diceslodf research institute Mansbad, pela sua valiosa orientação e sugestões durante o estudo e pela ajuda na finalização do manuscrito.

Deixo registado o meu respeito e agradecimento ao Dr. J. A. Dani, Dr. M. A. D'ani, Dr. M. A. Madih, Dr. M. A. Dar, Dr. J. A. Sofi, Dr. Subhash Chand, Dr. S. baina, Dr. Ozma bashir, Dr. Z. A. baba, Dr. Q. b. Najar e Dr. D. bam, os meus professores do curso, pela sua cooperação sincera durante todo o período de estudo.

Um agradecimento especial aos meus amigos e colegas (Sabia Ahhtar, Aowser javeed, bubaiya, Asmat, Sabeena, Qazada, Iram, Ahushboo, Sibat, dusra, Asima gazad, Shabana, Abida, Saba) pela sua cooperação, apreço e companhia agradável durante os meus estudos.

Agradeço vivamente ao AbIS e aos membros da equipa da Biblioteca da SAfAST-A pelo seu constante encorajamento, sugestões valiosas e ajuda generosa durante a preparação deste manuscrito.

Agradeço também a todos os membros do pessoal não docente da divisão de Ciência do Solo, SK^AST-K, pela sua cooperação, com especial referência ao Sr. -Tang Ahmad, Sr. Shabir Ahmad, Sr. Ahi Mohamad, Sr. Cfi. Aassan, Sr. Mohd Ismail, Sr. Manzoor Ahmad, Sr. Madaf, Sr. Khazar Mohd, Sr. Tafig Khan e Sr. Mohd Aousuf.

Gostaria de expressar a minha gratidão ao meu pai, à minha mãe carinhosa, à minha irmã querida e amorosa, ao meu irmão e aos meus melhores amigos pelos seus bons desejos, apoio moral, apoio e encorajamento constante que me permitiram concluir este trabalho difícil.

Por último, mas não menos importante, quero agradecer a todos aqueles que me ajudaram de alguma forma durante o curso do estudo. Agradeço-lhes a todos.

Shazia Kamzan

Local : Shalimar, Srinagar

Datado:...............

RESUMO

Os níveis totais de microelementos fornecem pouca ou nenhuma informação sobre a sua natureza química ou potencial mobilidade e biodisponibilidade no solo. A biodisponibilidade depende principalmente das formas químicas, fracções ou fases em que um elemento ocorre e é essencialmente uma função da química e mineralogia do solo. A especiação química avalia a distribuição de microelementos em diferentes conjuntos químicos presentes numa fase sólida, que incluem (i) solúveis em água (ii) permutáveis (iii) ligados a substâncias orgânicas (iv) ocluídos ou co-precipitados com óxidos e (v) residuais ou iões em redes cristalinas de minerais primários. Em 2012, foram efectuadas análises de especiação de microelementos, nomeadamente Cu, Zn, Mn, Fe, Ni, Pb e Cd, em solos superficiais dos Himalaias da Caxemira, em diferentes distritos e utilizações do solo. O padrão de distribuição dos microelementos em várias fases geoquímicas seguiu a ordem decrescente de biodisponibilidade. A maior concentração de metais foi encontrada na fração residual e a menor na fração solúvel em água. No entanto, verificou-se que a tendência de partição química e a distribuição percentual em cada fração eram diferentes para cada metal. Uma quantidade significativa de metais nos solos estava associada à fração não residual ou biodisponível. O zinco, o Fe, o Mn e o Ni estavam principalmente associados a fracções de óxido, orgânicas e de carbonato; o Cu a fracções orgânicas, de óxido e permutáveis; o Cd a fracções de óxido e residuais e o Pb a fracções de carbonato, orgânicas e de óxido. O pH do solo e o carbono orgânico foram os principais factores que afectaram a distribuição dos microelementos em diferentes grupos químicos. Os resultados da investigação serão úteis para monitorizar as deficiências e toxicidades dos microelementos nos solos dos Himalaias de Caxemira.

Palavras-chave: Fracionamento químico, Heavymetals, Modelos de regressão

ÍNDICE

Capítulo 1
INTRODUÇÃO

As plantas necessitam de água, ar, luz, temperatura adequada e dezassete elementos para o seu crescimento e desenvolvimento. As plantas absorvem carbono (C), hidrogénio (H) e oxigénio (O) do ar e da água. Os outros catorze elementos provêm do meio de crescimento/solo (Ronan, 2007). Os elementos como o azoto (N), o fósforo (P), o potássio (K), o cálcio (Ca), o magnésio (Mg) e o enxofre (S) são necessários às plantas em grandes quantidades (1000-10000 mg kg^{-1} matéria seca) e são, por isso, referidos como macronutrientes (Epstein, 1965). Os elementos como o ferro (Fe), o manganês (Mn), o boro (B), o zinco (Zn), o cobre (Cu), o molibdénio (Mo), o cloro (Cl) e o níquel (Ni) são necessários apenas em quantidades vestigiais (0,1-100 mg kg^{-1} matéria seca) e são, por isso, designados como micronutrientes. O solo também serve de reservatório para muitos elementos tóxicos como o chumbo (Pb), o cádmio (Cd), etc.

Os microelementos, também conhecidos como elementos vestigiais ou metais pesados, podem ser divididos em dois grupos: micronutrientes (por exemplo, Zn, Mn, Fe, Cu, Ni) que são necessários em doses baixas para a nutrição das plantas e elementos não essenciais (por exemplo, Cd, Pb, Cr, Hg) que não têm qualquer função biológica conhecida. Estes últimos têm um maior impacto nos organismos, mas mesmo os metais pesados essenciais podem tornar-se tóxicos se for excedido um nível de concentração específico (Alloway e Jackson, 1991).

Os metais pesados são convencionalmente definidos como elementos com propriedades metálicas (ductilidade, condutividade, estabilidade como catiões, especificidade ligante, etc.) e têm números atómicos mais elevados com densidades atómicas superiores a 5,0 g cm^{-3} (Adriano, 2001; Thomson, 2005). Alguns destes elementos são essenciais para as plantas, o que significa que uma planta não pode completar com sucesso o seu ciclo de vida sem eles. Desempenham papéis fundamentais em muitos processos vegetais. Por exemplo, o Zn promove as hormonas de crescimento, a formação de amido, a maturação e produção de sementes e está envolvido numa série de metaloenzimas (Adriano, 2001). O ferro participa na síntese da clorofila, enquanto o Cu é vital na fotossíntese, bem como no metabolismo das proteínas e dos hidratos de carbono. O manganês desempenha um papel na fotólise da água, no metabolismo e na assimilação do azoto (Brady e Weil, 2005). O níquel é essencial apenas para algumas espécies de plantas. Forma o metalo-centro ativo da enzima urease nas plantas (Gerendas *et al.*, 1999). Assim, são vitais para o crescimento das plantas quando presentes em quantidades vestigiais (Rollin *et al.*, 2005).

Os micronutrientes são elementos essenciais para as plantas e são consumidos por elas nas quantidades necessárias. Este facto resulta no seu esgotamento no solo. A deficiência de micronutrientes no solo tem-se generalizado nos últimos anos. Milhões de hectares de terra arável no mundo têm baixa disponibilidade de micronutrientes, e muitas destas deficiências foram provocadas pelo aumento da procura de formas disponíveis de micronutrientes pelas culturas de crescimento mais rápido (Alloway *et al.*, 2008). A utilização inadequada e desequilibrada de fertilizantes químicos também levou ao aparecimento de deficiências de multi-nutrientes nas culturas, que estão a tornar-se mais evidentes em muitas áreas (Mondal *et al.*, 2007). As colinas do noroeste de Jammu e Caxemira, Himachal Pradesh, Uttarakhand e as colinas dos estados do nordeste sofrem de enormes perdas de nutrientes devido à erosão severa do solo, que é superior a 20 t ha^{-1} ano^{-1} (Singh *et al.*, 1997). Os dados disponíveis sobre o estado dos micronutrientes disponíveis dificilmente são suficientes para revelar a variabilidade inerente aos diferentes solos (Sharma *et al.*, 2000).

Os metais pesados ocorrem naturalmente nos solos, e os minerais primários e o material de origem que constituem a crosta terrestre são as fontes originais destes elementos. A quantidade destes elementos presentes num determinado solo depende de vários factores, incluindo a composição do material de origem, os processos biogeoquímicos e a contribuição externa. A fonte natural destes metais é muito pequena e o principal fator contribuinte são as actividades antropogénicas que estão potencialmente a aumentar a sua concentração nos solos. Os metais pesados tóxicos (Cd, Pb, etc.) são contaminantes ambientais de grande preocupação porque não se degradam no solo devido às suas propriedades bioquímicas (Schulthess e Huang, 1990) e, por conseguinte, acumulam-se nos meios ambientais (Kabata-Pendias, 2011). Os riscos associados à presença de metais são variados e dependem das suas formas químicas (metal, óxido, sal e organo-metálico). O impacto destes metais nos solos é a sua possível transferência para a água ou para as plantas, o que é definido pelo termo biodisponibilidade. As concentrações médias de Cd nos solos variaram entre 0,37 mg kg^{-1} em pedsols e 0,78 mg kg^{-1} em histosols (Kabata-Pendias, 2001). Estudos de solos em regiões remotas sugerem que os valores de referência para o chumbo, sem interferência antropogénica, devem ser de cerca de 20 mg kg^{-1} (Gough *et al.*, 1988). A concentração de chumbo nos solos varia geralmente entre 10 e 40 mg kg^{-1} (Kabata-Pendias, 2001). O chumbo é classificado como a substância perigosa prioritária número um pela Agência para o Registo de Substâncias Tóxicas e Doenças (ATSDR) e pela EPA (Hoilett, 2006). Pensa-se que a maior parte do Pb do solo está ligada às fases sólidas e é, por conseguinte, insolúvel. A principal preocupação em relação ao Pb é o seu tempo de permanência relativamente longo no solo, devido a uma baixa solubilidade e a uma elevada afinidade para adsorção (Badawy *et al.*, 2002). Especificamente, o Pb pode perturbar a estrutura e a função dos ecossistemas do solo (Spurgeon *et al.*, 1994).

Muita investigação tem sido realizada sobre a contaminação de metais pesados nos solos a partir de várias fontes antropogénicas, tais como resíduos industriais, emissões de automóveis, atividade mineira, adicionados através da utilização de impurezas orgânicas e fertilizantes (Alloway e Jackson, 1991), pesticidas (Yang *et al.*, 2002), irrigação na agricultura (Lombi *et al.*, 2006), prática agrícola (Mantovi *et al.*, 2003) e vários outros processos industriais. Assim, a poluição com metais pesados em particular tem várias fontes, mas as indústrias metalúrgicas são vistas como as principais fontes antropogénicas (Kabata-Pendias, 2011). A outra fonte principal são os materiais residuais. Para além dos potenciais componentes benéficos, alguns materiais residuais podem também conter elementos não essenciais e compostos orgânicos persistentes que podem ser prejudiciais para as plantas (Iwegbue *et al.*, 2006). Pelas razões acima referidas, a contaminação do solo por metais pesados foi documentada em todo o mundo, incluindo na China (Yang *et al.*, 2002), Itália (Bretzel e Calderisi, 2006), Coreia (Lee *et al.*, 2006), Austrália (Sultan, 2007) e Índia (Krishna e Goril, 2007).

Os metais pesados, que incluem micronutrientes (Zn, Cu, Mn, Fe, Ni, etc.) e elementos tóxicos (Cd, Pb, etc.), podem estar associados a vários componentes reactivos no solo. Embora a concentração total de metais possa indicar o nível global de metais no solo, não fornece informações sobre a sua natureza química ou potencial mobilidade, biodisponibilidade e potencial contaminação ambiental (Vijver *et al.*, 2004: Powell *et al.*, 2005). Os metais nos solos podem ser divididos em duas fracções: a fração inerte, considerada não tóxica, e a fração lábil, considerada potencialmente tóxica. Para avaliar a disponibilidade de metais pesados, apenas a fração lábil do solo é tida em conta, uma vez que esta fração é frequentemente designada, por extensão, como a fração biodisponível (Gray *et al.*, 1999). É a forma química que determina o comportamento do metal no ambiente e a sua capacidade de remobilização. Por conseguinte, é mais importante conhecer a distribuição de cada metal em várias formas do que apenas o seu teor total (Lake *et al.*, 1984). A medição de diferentes reservatórios de metais no solo é necessária para quantificar esses reservatórios, tanto do ponto de vista da disponibilidade como da toxicidade dos metais (Ma *et al.*, 2006).

O fracionamento sequencial ou especiação é uma abordagem frequentemente utilizada para avaliar a distribuição de metais em diferentes formas químicas presentes numa fase sólida. É definido por Tack e Verloo (1995) como a identificação e quantificação das diferentes espécies, formas ou fases definidas em que um elemento ocorre e é essencialmente uma função da mineralogia e da química da amostra de solo examinada. Os métodos utilizados para caraterizar os metais na fase sólida do solo incluem o fracionamento físico e a extração química. Os esquemas de extração química são a abordagem mais frequentemente utilizada para fracionar metais em solos, compostos e resíduos orgânicos (Iwegbue *et al.*, 2007). Conceptualmente, isto categoriza os metais associados a fracções quimicamente homogéneas que, em última análise, afectam a biodisponibilidade do metal. Os metais nos solos e sedimentos podem existir numa variedade de formas. São utilizados procedimentos de extração sequenciais para medir cinco fases químicas de microelementos. Estas incluem (i) solúveis em água (ii) permutáveis (iii) ligados a substâncias orgânicas (iv) ocluídos ou co-precipitados com óxidos, carbonatos e fosfatos, ou outros minerais secundários e (v) iões nas redes cristalinas dos minerais primários (Kashem *et al.*, 2007). Considera-se que as três primeiras formas químicas estão equilibradas entre si e são as formas mais disponíveis para a nutrição das plantas, representando cada forma sucessiva uma menor disponibilidade (Petruzzelli, 1989). As diferentes fracções de metais (solúveis em água, permutáveis, ligados organicamente, ligados a carbonatos, ligados a sesquióxidos e residuais) encontram-se num estado de equilíbrio dinâmico.

Idealmente, os procedimentos de extração sequencial extraem seletivamente metais ligados a fracções específicas do solo com um efeito mínimo nos outros componentes do solo. Na prática, os esquemas de fracionamento sequencial são utilizados para avaliar conjuntos de metais do solo definidos operacionalmente, que podem estar relacionados com espécies químicas, bem como com fases potencialmente móveis, biodisponíveis ou ecotóxicas de uma amostra. A fração móvel é definida como a soma da quantidade dissolvida na fase líquida e uma quantidade que pode ser transferida para a fase líquida. Tem sido geralmente aceite que os efeitos ecológicos dos metais (por exemplo, a sua biodisponibilidade, ecotoxicologia e risco de contaminação das águas subterrâneas) estão relacionados com essas fracções móveis e não com a concentração total.

As técnicas de fracionamento sequencial separam os elementos em diferentes fracções operacionais do solo, submetendo o solo a uma série de reagentes químicos, cada um mais destrutivo ou utilizando uma reação química diferente da anterior (Tessier *et al.*, 1979; Morabito, 1995). Muitos estudos demonstraram que os metais estão predominantemente associados a fracções operacionais do solo que são consideradas relativamente indisponíveis para a absorção pelas culturas (Sposito *et al.*, 1982; Chang *et al.*, 1984; Sloan *et al.*, 1997; Canet *et al.*, 1998). Os estudos também referiram correlações significativas entre a quantidade de oligoelementos nas fracções químicas do solo e a quantidade nos tecidos vegetais (Qian *et al.*, 1996; Zhang *et al.*, 1998). Embora muitos factores contribuam para a absorção e translocação de metais pelas plantas, as correlações entre as fracções de metais no solo e as concentrações de metais nos tecidos das culturas indicam que as fracções químicas definidas operacionalmente estão relacionadas com a disponibilidade para as plantas.

O perfil de extração de cada elemento oferece informações adicionais sobre a cinética dos processos de lixiviação e a associação química entre elementos nos materiais sólidos (Shiowatana *et al.*, 2001). O crescimento ótimo das plantas e o rendimento das culturas não dependem da quantidade total de nutrientes presentes no solo num determinado momento, mas da biodisponibilidade que, por sua vez, é controlada por propriedades físico-químicas como a textura do solo, o carbono orgânico, o carbonato de cálcio, a capacidade de troca catiónica e o pH (Bell e Dell, 2008; Wijebandara *et al.*, 2011).

O solo é a maior dádiva da natureza, mas as suas reservas finitas (nutrientes) estão continuamente a esgotar-se, o que resulta numa deficiência de nutrientes. A análise de amostras de solo e de plantas indicou que 49% dos solos da Índia são potencialmente deficientes em Zn, 12% em Fe, 5% em Mn e 3% em Cu (Singh, 2006). Por outro lado, a poluição por metais tóxicos (Cd, Pb, etc.) nos solos aumentou durante as últimas décadas, principalmente devido à aplicação de estrume de explorações agrícolas, lamas de esgotos, águas residuais e mineiras ou fertilizantes obtidos a partir de fosforitos. Quase todos os estudos relativos às concentrações de oligoelementos nos solos dos Himalaias de Caxemira se centraram nas formas totais ou extraíveis com DTPA. Ainda não foi efectuado qualquer estudo sobre a especiação de metais em diferentes pools/fases geoquímicas. Por conseguinte, justifica-se explorar os solos desta região para conhecer a distribuição dos diferentes conjuntos químicos de micronutrientes, bem como dos elementos tóxicos, e, assim, adotar estratégias de precaução para os gerir. Assim, a presente investigação "Especiação química de microelementos em solos dos Himalaias da Caxemira" foi levada a cabo com os seguintes objectivos

1. separar os microelementos do solo (Cu, Zn, Mn, Fe, Pb, Ni) em fracções solúveis em água, permutáveis, carbonatadas, óxidas, orgânicas e residuais

2. correlacionar o teor de metais de diferentes fracções químicas com as propriedades do solo

Capítulo 2
REVISÃO DA LITERATURA

Os microelementos incluem elementos biologicamente essenciais para as plantas (por exemplo, Zn, Cu, Mn, Fe, Ni) e não essenciais (por exemplo, Pb, Cd). Os elementos essenciais são necessários em baixas concentrações para o crescimento e desenvolvimento das plantas e, por isso, são conhecidos como micronutrientes. Os elementos não essenciais são fitotóxicos e são amplamente conhecidos como elementos tóxicos. Ambos os grupos são tóxicos para as plantas, os animais e os seres humanos em concentrações extremamente elevadas.

O problema da deficiência de micronutrientes é frequentemente observado em diferentes partes do mundo. No entanto, poucos esforços são feitos para resolver este problema porque ainda não atingimos o nível de sofisticação na tecnologia de fertilização. Com a disseminação de variedades de alto rendimento, bem como a tecnologia refinada de uso de fertilizantes, o problema da deficiência de micronutrientes tornou-se intenso na Índia. A carência de zinco é muito generalizada, enquanto as carências de Fe, Cu e Mn foram registadas em algumas culturas e solos. Tendo em conta os vários relatórios sobre as deficiências de micronutrientes nos solos e nas culturas, as projecções sobre as necessidades de micronutrientes podem ser previstas com maior precisão, uma vez conhecida a proporção de áreas deficientes. Desde finais de 1970, têm sido efectuadas estimativas sobre a extensão das zonas deficientes.

O solo é também um importante sumidouro de metais tóxicos devido à sua elevada capacidade de retenção de metais. A poluição por cádmio nos solos aumentou durante as últimas décadas, principalmente devido à grande aplicação de estrume de explorações agrícolas, lamas de depuração, águas residuais ou fertilizantes obtidos a partir de fosforitos com um teor geralmente muito elevado de Cd (Vanni *et al.,* 1994). A maior preocupação relativamente ao Pb é o seu tempo de residência relativamente longo no solo, devido a uma baixa solubilidade e a uma elevada afinidade para adsorção (Badawy *et al.,* 2002). Hrsak *et al.* (2000) referiram que os solos permanecem persistentemente poluídos por Pb e Cd porque formam complexos que são insolúveis em água.

A literatura relativa ao presente estudo "*Fracionamento de metais pesados utilizando um esquema de extração sequencial*" foi revista nos seguintes títulos

2.1 Fracções químicas de microelementos como índices de biodisponibilidade

2.2 Factores que afectam as fracções químicas dos microelementos nos solos

2.   1Fracções químicas   de microelementos como índices de biodisponibilidade

Os microelementos, incluindo os micronutrientes (Zn, Cu, Mn, Fe, Ni, etc.) e os elementos tóxicos (Cd, Pb, etc.), estão presentes nos solos sob diversas formas químicas, que se dividem em compostos fracamente ligados à matriz do solo (susceptíveis de migração) e compostos firmemente ligados à matriz do solo. Tanto os compostos firmemente ligados como os fracamente ligados não são uniformes e podem ser ainda mais fraccionados. O grupo de compostos metálicos firmemente ligados inclui metais que estão firmemente fixados nos minerais primários e secundários de silicato e não-silicato ou em sais dificilmente solúveis e em compostos orgânicos e organo-minerais estáveis. O grupo dos compostos metálicos fracamente ligados inclui os metais fixados na superfície das partículas minerais e orgânicas do solo sob a forma permutável ou sob a forma de metais especificamente sorvidos. Por conseguinte, as alterações na disponibilidade de um microelemento são representadas por deslocações do elemento de um reservatório para outro. Os diferentes grupos químicos ou fracções de microelementos são enumerados a seguir.

2.1.   1Fracção solúvel em água   dos microelementos

A fração solúvel em água dos microelementos é constituída por iões não adsorvidos e pode ser extraída pela água. Esta fração é relativamente lábil e, por conseguinte, pode ser potencialmente biodisponível (He *et al.*, 1995), uma vez que a solução do solo é um meio naturalmente dinâmico para o transporte de metais do solo para a planta (Fritioff e Greger, 2003), onde ocorrem reacções de troca, adsorção e complexação (Harter e Naidu, 2001). Em geral, as plantas absorvem prontamente as espécies de oligoelementos que se encontram dissolvidas na solução do solo, quer na forma iónica, quer na forma quelatada e complexada (Kabata-Pendias e Pendias, 1992). É o primeiro a ser trazido para o processo de fracionamento. Esta fração é geralmente insignificante, exceto em áreas onde estão presentes evaporitos. Além disso, esta espécie química desempenha um papel importante na transferência de metais ao longo da cadeia da água, do solo, das plantas, dos animais e do homem (Banerjee e Shrivastava, 1998).

2.1.1.1 Zinco solúvel em água (Zn)

O zinco existe como Zn^{2+}, orgânico e $ZnSO_4^0$ em condições ácidas e Zn^{2+}, orgânico, Zn hidroxilo e espécies de carbonato em solos alcalinos. O Zn solúvel em água variou de 0,04 a 0,56 mg kg^{-1} com um valor médio de 0,25 mg kg^{-1} em solos alcalinos do Punjab (Thind *et al.*, 1990). Razdan (1995) observou que a quantidade de Zn solúvel em água variava de 0,00 a 0,08 mg kg^{-1} com um valor médio de 0,01 em solos de Ladakh. Ma e Roa (1997) verificaram que o Zn solúvel em água variava de 0,15 a 7,00 mg kg^{-1} em alguns solos contaminados dos EUA. Sakal (2000) relatou que o sistema de cultivo arroz-trigo durante 10 anos num solo calcário em Bihar diminuiu o teor de Zn solúvel em água. Regmi *et al.* (2010) verificaram que o Zn solúvel em água é igual a 0,32 e 0,36 mg kg^{-1} em sistemas convencionais e 0,2 e 0,1 mg kg^{-1} em sistemas de agricultura biológica nas zonas de Merredin e Dalwallinu, na Austrália.

2.1.1.2 Cobre solúvel em água (Cu)

O cobre existe como Cu^{2+} e orgânico em solos ácidos e Cu hidroxilo, $CuCO_3^0$ e formas orgânicas em condições alcalinas. O Cu (II) é o seu estado de oxidação mais comum no ambiente e pensa-se classicamente que existe como o catião cúprico livre $[Cu(H_2O)_6^{2+}]$ em solução. O conhecimento das formas químicas do Cu nos solos e a relação destas formas com a disponibilidade de Cu são importantes para prever o comportamento do Cu no sistema solo-planta. Jalali (1976) referiu que o Cu solúvel em água era mais elevado na floresta (0,06 mg kg^{-1}) do que em Karewa (0,04 mg kg^{-1}) e na faixa inferior (0,01 mg kg^{-1}) dos solos de Caxemira. Perveen *et al.* (1993) estudaram o estado dos micronutrientes em trinta séries de solos do Paquistão, tendo os resultados revelado que o Cu solúvel em água variava entre 0,51 e 7,92 mg kg^{-1} e era suficiente em todas as séries.

2.1.1.3 Ferro solúvel em água (Fe)

O ferro existe em pequenas quantidades na fração solúvel em água, provavelmente devido ao facto de ser facilmente absorvido e utilizado pelas plantas e outros organismos no ambiente do solo. Jalali (1976) referiu que o Fe solúvel em água era mais elevado (0,41 mg kg^{-1}) em solos florestais de Caxemira, em comparação com Karewa (0,3 mg kg^{-1}) e solos de cinturão inferior (0,3 mg kg^{-1}). Razdan (1995) verificou que a quantidade de Fe solúvel em água variava de 0,00 a 1,00 mg kg^{-1} com um valor médio de 0,02 mg kg^{-1} em solos de Ladakh. Sharma (2005) referiu que o Fe solúvel em água variava entre 3,10 e 30,5 mg kg^{-1} em Alfisols do Punjab. Osakwe (2012) verificou que o Fe solúvel em água variava entre 0,00 e 1,28 mg kg^{-1} com uma percentagem média de 0,08 em solos do sudeste da Nigéria.

2.1.1.4 Manganês (Mn) solúvel em água

O manganês existe como Mn^{2+}, $MnSO4^{0}$ e forma orgânica em solos ácidos e Mn^{2+}, $MnCO3$ e $MnSO4^{0}$ iões em condições alcalinas. Jalali (1976) referiu que o Mn solúvel em água era de 0,44 mg kg^{-1} em solos florestais e de 0,21 mg kg^{-1} em Karewa e em solos da cintura inferior dos Himalaias de Caxemira. Gondek (2006) registou 0,284,3 mg kg^{-1} de Mn na fração solúvel em água em solos da Polónia.

2.1.1.5 Chumbo solúvel em água (Pb)

O chumbo existe sob a forma de iões Pb^{2+} , orgânicos e $PbSO4^{0}$ em solos ácidos e de espécies Pb hidroxiladas, orgânicas e carbonatadas em solos alcalinos. Embora a concentração total de Pb em muitos solos contaminados possa ser elevada, a fração biodisponível de Pb (solúvel em água e permutável) é normalmente muito baixa devido à sua forte associação com a matéria orgânica, óxidos de Fe-Mn, argila e precipitação como carbonatos, hidróxidos e fosfatos (McBride, 1995). Howard e Jeffrey (1993) referiram que o Pb solúvel em água variava entre 0,0 e 1,9 mg kg^{-1} em solos do sudeste do Michigan. Vários investigadores encontraram uma fração muito pequena do Pb total na solução do solo (Ramos *et al.*, 1994; Chlopecka *et al.*, 1996; Maiz *et al.*, 2000).

2.1.1.6 Cádmio (Cd) solúvel em água

O cádmio existe como iões Cd^{2+} , $CdCl^{+}$ e $CdSO4^{0}$ em solos ácidos e como iões Cd^{2+} , $CdCl^{+}$ e $CdSO4^{0}$ em condições alcalinas. Sauve *et al.* (1997, 1998) referiram que a fitodisponibilidade de metais vestigiais, incluindo o Cd, está mais fortemente correlacionada com a atividade do ião metálico livre na solução do solo do que com o teor total de metal dos solos. O

Cd solúvel em água pode deslocar-se facilmente e pode ser considerado altamente biodisponível.

2.1.1.7 Níquel solúvel em água (Ni)

Ma e Rao (1997) verificaram que o Ni solúvel em água era inferior ao limite de deteção em alguns solos dos EUA. Shober (2007) mostrou que a proporção de Ni potencialmente biodisponível é bastante pequena. Osakwe (2012) relatou baixos níveis de Ni (0,03-0,13 mg kg^{-1}) na fração solúvel em água.

2.1. 2 Fracção permutável ou fracamente adsorvida de microelementos

Esta fração de microelementos inclui metais fracamente adsorvidos, retidos na superfície sólida por interacções electrostáticas relativamente fracas e que podem ser libertados por processos de troca iónica. As alterações da composição iónica, que influenciam as reacções de adsorção-dessorção, ou a diminuição do pH podem provocar a remobilização de metais desta fração (Ure *et al.*, 1993). Uma solução salina é geralmente utilizada para remover a fração permutável (Tessier *et al.*, 1979). Os metais que estão associados aos sítios de troca na fase sólida do solo podem ser considerados biodisponíveis (McLaughlin *et al.*, 2000). Os metais correspondentes à fração permutável representam normalmente uma pequena parte do teor total de metais. Assim, esta fração representa geralmente menos de 2% do total de metais presentes no solo (Emmerson *et al.*, 2000).

2.1.2.1 Zinco permutável (Zn)

Jalali *et al.* (1989) observaram que o Zn permutável era de 0,35-0,65 mg kg^{-1} em alguns solos de referência de Caxemira. O Zn permutável variou de 0,08 a 2,24 mg kg^{-1} com um valor médio de 0,84 mg kg^{-1} em solos alcalinos derivados de aluvião de Punjab (Thind *et al.*, 1990). Holmgren *et al.* (1993) verificaram que o Zn permutável variava entre 1,5 e 264,0 mg kg^{-1} em solos agrícolas dos Estados Unidos da América. Razdan (1995) relatou que a quantidade de Zn permutável variou de 0,02 a 0,12, 0,01 a 0,16, 0,02 a 0,08, 0,00 a 0,18 e 0,00 a 0,08 mg kg^{-1} com valores médios de 0,06, 0,09, 0,03, 0,08 e 0,04 mg kg^{-1} , respetivamente em solos de Leh, Nobra, Nyoma, Khalsi e Durbug blocos de Ladakh. O valor médio de Zn permutável expresso como percentagem da soma de todas as fracções para os Ultisols cultivados da Malásia foi de 2,4 (Zauyah *et al.*, 2004). Dong-mei *et al.* (2002) referiram que cerca de 75% do Zn total existia em fracções permutáveis nos solos da China.

Alvarez *et al.* (2006) referiram que a distribuição do teor de Zn na fração permutável era, em geral, a mais baixa e variava entre 0-0,05 mg kg^{-1} em solos da Espanha Central. Bashir *et al.* (2007) verificaram que o Zn permutável variava entre 0,0-0,8 mg kg^{-1} nos solos de Lahore, Paquistão. Minkina *et al.* (2008) mostraram que o Zn permutável era de 0,4 mg kg^{-1} em solos de chernozem. Aydinalp *et al.* (2009) descobriram que o Zn permutável nos Ultisols cultivados do noroeste da Turquia era em média 2,2% e nos Inceptisols cultivados 0,6%. Kumar e Babel (2011) verificaram que o teor de Zn permutável variava entre 0,25-1,00 mg kg^{-1} em solos de Orissa.

2.1.2.2 Cobre permutável (Cu)

O Cu permutável é geralmente baixo nos solos. Prevê-se que o principal mecanismo de sorção seja a adsorção na esfera interna. Prevê-se que a retenção de Cu nos solos se efectue através da adsorção específica de Cu^{2+} e $CuOH^+$ na maioria dos grupos funcionais (Agbenin e Olojo, 2004). O cobre é adsorvido através de Al-OH em óxidos de alumínio e é especificamente adsorvido, possivelmente através de estruturas bidentadas em alofano e imogolita (Clark e McBride, 1984). A formação de ligações por coordenação direta e os oxigénios funcionais de substâncias orgânicas ocorre frequentemente, o que depende principalmente do pH do solo (Kabata-Pendias, 2001).

Holmgren *et al.* (1993) verificaram que o Cu permutável variava entre 0,30 e 4,95 mg kg^{-1} em solos agrícolas. Ma e Roa (1997) confirmaram que o Cu permutável variava de 0,5 a 3,0 mg kg^{-1} em alguns solos dos EUA. A extração sequencial de um solo tratado com biossólidos mostrou que apenas uma pequena quantidade de Cu estava associada à fração permutável (McLaren e Clucas, 2001).

Zauyah *et al.* (2004) investigaram que o valor médio de Cu permutável expresso como percentagem da soma de todas as fracções para os Ultisols era de 1,3. Shober (2007) revelou que a proporção de Cu potencialmente biodisponível era bastante pequena em solos não alterados da Pensilvânia, EUA. Gondek (2006) referiu que o Cu permutável era de 0,17-2,64 mg kg^{-1} em solos da Polónia. Minkina *et al.* (2008) encontraram 0,3 mg kg^{-1} de Cu na fração permutável em solos de chernozem. Aydinalp *et al.* (2009) afirmaram que o Cu permutável nos Ultisols e Inceptisols cultivados do noroeste da Turquia varia entre 1,1% e 4,7%.

2.1.2.3 Ferro permutável (Fe)

Jalali (1976) obteve teores de Fe permutável de 3,7, 3,9 e 2,9 mg kg^{-1} em solos da bacia do vale, Karewa e Kandi de elevada altitude de Caxemira. Perveen *et al.* (1993) referiram que o Fe permutável variava entre 3,08-51,00 mg kg^{-1} na província fronteiriça do Noroeste do Paquistão. Soumare *et al.* (2003) referiram que o Fe facilmente disponível era inferior a 1,5% do Fe total nos solos. Olubunmi (2010) verificou que o Fe permutável variava entre 2,04-46,02 mg kg^{-1} com um valor médio de 24,03 mg kg^{-1} nos solos de Agbabu, Nigéria. Ibrahim *et al.* (2011) confirmaram que o Fe disponível variou de 10,31 a 20,17 mg kg^{-1} em solos de Billiri.

2.1.2.4 Manganês permutável (Mn)

Perveen *et al.* (1993) revelaram que o Mn permutável variava entre 0,23 23,75 mg kg^{-1} nalguns solos do Paquistão. Razdan (1995) observou que a quantidade de Mn permutável tinha valores médios de 0,90, 1,98, 1,45, 1,30, 1,81 mg kg^{-1} , respetivamente em Leh, Nobra, Nyoma, Khalsi e Durbug blocos de Ladakh. Moja (2007) afirmou que o teor de Mn permutável era de 8,43 mg kg^{-1} em solos da África do Sul. Afifi *et al.* (2011) verificaram que o

Mn permutável era de 16,95 mg kg^{-1} em solos do Egipto. Sharma e Mukherjee (2011) examinaram que a solução do solo mais o teor de Mn permutável variavam entre 0,04-0,30 mg kg^{-1} em solos da zona árida do Punjab.

1.1.1.5 Chumbo permutável (Pb)

O chumbo acumula-se nos horizontes superiores do solo e é altamente imóvel. A contaminação é de longo prazo e, sem uma ação correctiva, os níveis elevados de Pb no solo nunca voltarão ao normal. Tal como observado por vários autores (Ramos *et al.*, 1994; Chlopecka *et al.*, 1996; Maiz *et al.*, 2000), uma pequena porção do Pb total (0,01-6,40%) era permutável dos colóides do solo para a solução do solo.

Holmgren *et al.* (1993) verificaram que o Pb permutável variava de 0,5 a 135 mg kg^{-1} em solos agrícolas. Howard e Jeffrey (1993) verificaram que o Pb permutável variava entre 0,0 e 3,1 mg kg^{-1} em solos do sudeste do Michigan. Gondek (2006) indicou que o Pb permutável era de 1,2-4,81 mg kg^{-1} em solos da Polónia. Finzgar *et al.* (2007) verificaram que o Pb permutável variava entre 0,02 e 27,1 mg kg^{-1} no vale de Mezica e na região de Celje, na Eslovénia. Golia *et al.* (2007) investigaram que 75-89% do Pb total estava presente na fração permutável. Guerra *et al.* (2007) mostraram que o Pb permutável era 1,1% do metal total em Mollisols do Chile. Kashem *et al.* (2007) verificaram que a fração móvel de Pb variava de 8-15% nos solos contaminados. Minkina *et al.* (2008) referiram que o Pb permutável era de 0,4-0,6 mg kg^{-1} em solos de chernozem da Rússia. Aydinalp *et al.* (2009) confirmaram que o Pb permutável nos solos verticais irrigados do noroeste da Turquia era de 2,78 mg kg^{-1} . Atkinson *et al.* (2010) investigaram que o Pb permutável era de 1,42, 0,00, 1,75 e 0,07% do Pb total num pântano arável, num local de pastagem não cultivado, numa exploração de processamento de lamas de depuração e num local à beira de uma estrada com relva, respetivamente. Em todos os casos, verificou-se uma proporção muito baixa de Pb na fração permutável. Yobouet *et al.* (2010) registaram menos de 5% do Pb total na fração permutável nos solos da Costa do Marfim. Abioye *et al.* (2011) registaram cerca de 10% do Pb total na forma permutável em solos da Florida. Afifi *et al.* (2011) verificaram que o Pb permutável era de 2,25 mg kg^{-1} em solos egípcios.

1.1.1.6 Cádmio permutável (Cd)

A matéria orgânica desempenha um papel importante não só na formação de complexos, mas também na retenção de Cd na forma permutável (Zalidis *et al.*, 1999). Gondek (2006) investigou que o Cd permutável era de 0,13-18,4 mg kg^{-1} em solos da Polónia. Bashir *et al.* (2007) verificaram que o Cd permutável variava entre 0,0-0,3 mg kg^{-1} em solos de Lahore, Paquistão. Kashem *et al.* (2007) mostraram que a fração móvel de Cd variava entre 22 e 64%, com valores mais elevados em solos contaminados do que em solos não contaminados. Aydinalp *et al.* (2009) observaram que o Cd permutável nos Vertissolos irrigados era de 1,03 mg kg^{-1} . Ibrahem e Al-Hawas (2009) verificaram que o Cd permutável variava entre 0,25-1,00 mg kg^{-1} em solos calcários de Al-Hassa na Arábia Saudita. Abioye *et al.* (2011) concluíram que o Cd permutável era de 0,69-12,1 mg kg^{-1} em solos de campo de tiro da Flórida. Rahmani *et al.* (2012) indicaram que o Cd permutável era de 0,22 mg kg⁻¹ em alguns dos solos calcários poluídos do Irão.

1.1.1.7 Níquel permutável (Ni)

Holmgren *et al.* (1993) verificaram que o Ni permutável variava em média de 0,70 a 269,0 mg kg⁻¹ em solos agrícolas dos Estados Unidos da América. Ma e Roa (1997) verificaram que o Ni permutável variava de 2,8 a 3,9 mg kg⁻¹ em solos dos EUA. Onianwa (2001) observou que cerca de 3% do Ni total estava associado a esta fração. Golia *et al.* (2007) indicaram 41-69% de Ni na fração permutável. Guerra *et al.* (2007) relataram que o Ni trocável era 9,3% do metal total em Mollisols. Os resultados do fracionamento indicaram que a proporção de Ni potencialmente biodisponível é bastante pequena (Shober, 2007). Khurana e Bansal (2008) referiram que o Ni permutável era de 0,64-0,16 mg kg⁻¹ em solos tratados com esgotos e de 0,07-0,018 mg kg⁻¹ em solos irrigados com poços tubulares do Punjab. Afifi *et al.* (2011) verificaram que o Ni permutável era de 0,74 mg kg⁻¹ em solos egípcios. Osakwe (2012) registou baixos níveis de Ni na fração permutável, variando entre 0,380,83 mg kg⁻¹ em solos da Nigéria.

2.1.3 Fração de microelementos ligada ao carbonato ou solúvel em ácido

Os carbonatos são um importante hospedeiro de metais pesados (Yarlagadda *et al.*, 1995; Pichtel *et al.*, 1997; Cabral e Lefebvre, 1998; Maskall e Thornton, 1998). A fração ligada ao carbonato ou solúvel em ácido contém os metais que estão precipitados ou co-precipitados com o carbonato. O carbonato pode ser um adsorvente importante para muitos metais quando a matéria orgânica e os óxidos de Fe-Mn são menos abundantes. A forma de carbonato é uma fase pouco ligada e suscetível de mudar com as condições ambientais. Esta fase é suscetível a alterações de pH, sendo geralmente alvo da utilização de um ácido suave (Filgueiras *et al.*, 2002).

2.1.3.1 Zinco ligado a carbonatos (Zn)

Lestan *et al.* (2003) referiram que, em solos da Eslovénia, o Zn ligado a carbonatos era de 3,9 a 35,1%. Bashir *et al.* (2007) verificaram que o Zn ligado a carbonatos variava entre 6,4 e 19,6 mg kg⁻¹ em solos de Lahore, Paquistão. Finzgar *et al.* (2007) observaram que o Zn ligado ao carbonato variava entre 4,46 e 822,7 mg kg⁻¹ representando cerca de 5,0-44,7% do metal total. Minkina *et al.* (2008) obtiveram um teor de Zn ligado ao carbonato de 6,3 mg kg⁻¹ em solos de chernozem da Rússia. Nos solos de Pequim, na China, o Zn ligado ao carbonato variou entre 2,00-4,54 mg kg⁻¹ com um valor médio de 2,86 mg kg⁻¹ (Chen *et al.*, 2009). Olubunmi (2010) referiu que o Zn ligado ao carbonato variou entre 3,86-34,86 mg kg⁻¹ com um valor médio de 18,89 mg kg⁻¹ em solos de Agbabu, Nigéria. O Zn ligado ao carbonato foi em média 0,12 mg kg⁻¹ na agricultura convencional e 0,11 mg kg⁻¹ nos sistemas de agricultura biológica (Regmi *et al.*, 2010). Adaikpoh (2011) afirmou que o teor médio de Zn ligado a carbonatos era de 7,90-18,02% nos solos da Nigéria. Kumar e Babel (2011) examinaram que o teor de Zn ligado a carbonatos variava entre 9,73-29,21 mg kg⁻¹ , o que representava 23,84% do seu teor total em solos de Orissa. O Zn ligado ao carbonato foi de 0,78-28,00 mg kg⁻¹ em solos da Zâmbia (Mekichirwa *et al.*, 2012).

2.1.3.2 Cobre ligado a carbonatos (Cu)

Embora a sorção de Cu seja principalmente controlada pela matéria orgânica e pelos óxidos nos solos, demonstrou-se que é reforçada pela calcite (Rodriguez-Rubio *et al.*, 2003). A precipitação do Cu ocorre através da sua retenção pelo carbonato de cálcio, formando hidróxido de cobre e precipitados de carbonato. Ma e Roa (1997) verificaram que o Cu ligado ao carbonato era de 1,1 mg kg^{-1} nos Mollisols do norte da China. Guerra *et al.* (2007) verificaram que o valor médio de 1,6 mg kg^{-1} de Cu ligado a carbonatos foi registado em solos de chernozem por Minkina *et al.* (2008). Ao trabalhar com os solos de Agbabu, Olubunmi (2010) examinou que o Cu ligado ao carbonato variava entre 0,00-0,38 mg kg^{-1} com um valor médio de 0,38 mg kg^{-1} . Wang *et al.* (2010) registaram aproximadamente 10-25% de Cu associado a minerais de carbonato no nordeste da China. Adaikpoh (2011) referiu que a média de Cu ligado a carbonatos era de 3,00-7,74% nos solos da Nigéria. Guan *et al.* (2011) referiram que o Cu ligado ao carbonato era de 0,66-0,76 mg kg^{-1} em Mollisols. Kumar e Babel (2011) revelaram que o teor de Cu ligado a carbonatos variava entre 1,00-4,49 mg kg^{-1} , contribuindo com 9,67% para o seu nível total nos solos de Orissa.

2.1.3.3 Ferro ligado a carbonatos (Fe)

A fração de carbonato de Fe é relativamente estável (lentamente lábil, pouco lixiviável), pelo que a elevada percentagem de Fe na forma de carbonato é uma indicação de que não estará prontamente disponível para absorção pelas plantas (Graham e Stangoulis, 2003). Olubunmi (2010) verificou que o Fe ligado a carbonatos variava entre 1,90-3,24 mg kg^{-1} com um valor médio de 2,69 mg kg^{-1} em solos de Agbabu, Nigéria. Wang *et al.* (2010) relataram apenas uma pequena fração de Fe (1,3-2,1%) associada a minerais de carbonato. O Fe ligado ao carbonato foi de 11,74-21,37% em solos da Nigéria (Adaikpoh, 2011). Jelic *et al.* (2011) indicaram que o Fe ligado ao carbonato era de 2,62 e 4,00 mg kg^{-1} em solos de campo e de prado da Sérvia. Osakwe (2012) indicou que o Fe ligado a carbonatos variava entre 128-217 mg kg^{-1} em solos do sudeste da Nigéria.

2.1.3.4 Manganês (Mn) ligado a carbonatos

Bashir *et al.* (2007) verificaram que o Mn ligado a carbonatos variava entre 12,5-19 mg kg^{-1} em solos de Lahore. Moja (2007) indicou que o teor de Mn ligado a carbonatos era de 81,87 mg kg^{-1} em solos da África do Sul. Olubunmi (2010) mostrou que o Mn ligado a carbonatos variava entre 3,96-9,42 mg kg^{-1} com um valor médio de 6,47 mg kg^{-1} em solos de Agbabu, Nigéria. Quase metade (46%-54%) do Mn total estava na fração ligada a carbonatos em solos do nordeste da China (Wang *et al.* 2010). Adaikpoh (2011) registou o teor médio de Mn ligado a carbonatos de 6,21-18,04% em solos da Nigéria.

2.1.3.5 Chumbo ligado a carbonatos (Pb)

Howard e Jeffrey (1993) referiram que o Pb ligado ao carbonato variava entre 0,4-196,7 mg kg^{-1} em solos do sudeste do Michigan. Ma e Roa (1997) verificaram que o Pb ligado ao carbonato era de 2,5 mg kg^{-1} em Mollisols. Teutsch *et al.* (2001) investigaram que o Pb ligado ao carbonato variava entre 0,2 e 291,0 mg kg^{-1} , o que representava 1,5-52% da sua concentração total nas imediações de uma grande autoestrada (Jerusalém-Tel-Aviv) em Israel. Em contraste com o Pb natural, a maior fração de Pb antropogénico nos solos estudados estava associada a carbonato pedogénico. Badawy *et al.* (2002) revelaram o controlo da fase sólida do Pb na solução do solo e concluíram que era muito provavelmente regido por uma mistura de minerais de Pb que incluía carbonatos de Pb. Lestan *et al.* (2003) referiram que o Pb residia numa forma menos lábil ligada ao carbonato (2,04 a 43,5%). Finzgar *et al.* (2007) afirmaram que o Pb ligado ao carbonato constituía cerca de 5,0-67,1% do Pb total. Atkinson *et al.* (2010) referiram que o Pb ligado a carbonatos era de 6,35, 0,19, 19,4 e 6,28% do total num pântano arável, num local de pastagem não cultivado, numa exploração de processamento gerida por lamas de depuração e num local à beira de uma estrada com relva. Cerca de 10-25% do Pb estava associado a minerais de carbonato no nordeste da China (Wang *et al.*, 2010). Abioye *et al.* (2011) observaram 36,34 mg kg^{-1} de Pb associado a carbonatos, o que representou 82% do total de Pb em solos de caça da Flórida. Osakwe (2012) mostrou que o Pb ligado a carbonatos variava entre 128-217 mg kg^{-1} com uma média de 16,29% em solos do sudeste da Nigéria.

2.1.3.6 Cádmio (Cd) ligado a carbonatos

Ma e Roa (1997) verificaram que o Cd ligado a carbonatos era de 3,9 mg kg^{-1} em Mollisols do norte da China. Chen *et al.* (2009) encontraram Cd ligado a carbonatos abaixo do limite de deteção em solos de Pequim, na China. Olubunmi (2010) referiu que o Cd ligado a carbonatos variava entre 0,98-1,26 mg kg^{-1} com um valor médio de 1,09 mg kg^{-1} em solos de Agbabu, Nigéria. Wang *et al.* (2010) observaram que 10-25% do Cd estava associado a minerais de carbonato no nordeste da China. Adaikpoh (2011) referiu que o Cd ligado a carbonatos era de 8,10-20,72% em solos da Nigéria.

Rahmani *et al.* (2012) indicaram que o Cd ligado ao carbonato era de 0,5 mg kg^{-1} em alguns solos calcários.

2.1.3.7 Níquel ligado a carbonatos (Ni)

Guerra *et al.* (2007) referiram que o Ni ligado ao carbonato representava 16% do metal total em Mollisols irrigados. O Ni ligado ao carbonato estava na gama de 0,58-1,32 mg kg^{-1} em solos da Pensilvânia, EUA (Shober, 2007). Khurana e Bansal (2008) investigaram que o Ni ligado ao carbonato era de 0,80-2,02 mg kg^{-1} em solos irrigados por esgotos e de 0,52-0,98 mg kg^{-1} em solos irrigados por poços tubulares do Punjab. Olubunmi (2010) relatou que o Ni ligado ao carbonato variou de 1,34-3,28 mg kg^{-1} com um valor médio de 2,07 mg kg^{-1} em solos de Agbabu, Nigéria. Adaikpoh (2011) e Osakwe (2012) encontraram níveis muito baixos de Ni na fração ligada ao carbonato.

2.1.4 Fração redutível ou ligada ao óxido dos microelementos

Os óxidos e óxidos hidratados de ferro e almúnio encontram-se normalmente nos solos em várias formas mineralógicas, incluindo hematite, goetite, gibbsite e hemite. Os óxidos de manganês também se encontram em quantidades moderadamente elevadas em alguns solos. A eliminação de metais por estes óxidos secundários, presentes como revestimentos em superfícies minerais ou como partículas finas discretas, pode ocorrer por qualquer um ou por uma combinação de diferentes mecanismos, como a co-precipitação, a adsorção, a formação de complexos de superfície, a troca iónica e a penetração na rede (Filgueiras *et al.*, 2002). Em princípio, a fração redutível pode ser dividida em três fracções: fração facilmente redutível (óxidos de Mn), fração moderadamente redutível (óxidos de Fe amorfos) e fração pouco redutível (óxidos de Fe cristalinos). Devido à grande área de superfície, os óxidos de ferro e de manganês são uma das fases geoquímicas mais importantes que afectam a mobilidade e o comportamento dos metais vestigiais.

2.1.4.1 Zinco ligado a óxidos (Zn)

A investigação de Hazra *et al.* (1993) em solos vermelhos e lateríticos de Bengala Ocidental revelou que os sesquióxidos amorfos têm maior capacidade de ligação ao Zn, seguidos dos óxidos de manganês e dos sesquióxidos cristalinos. Verificaram que o Zn ligado ao óxido de manganês variava entre 0,3 e 1,2 mg kg^{-1} e constituía 1,7% do Zn total. Dhane e Shukla (1995) relataram que o Zn ligado ao óxido de Mn variava de 0,3 a 0,7 mg kg^{-1} e constituía 0,5% do Zn total em alguns solos de referência de Maharashtra. Pal *et al.* (1997) examinaram que o Zn ligado a sesquióxidos amorfos variava entre 0,6 e 6,7 mg kg^{-1} , o que constituía 1,6%, enquanto o Zn ligado a óxidos cristalinos variava entre 0,7 e 9,1 mg kg^{-1} , o que constituía 3,2% do teor total de Zn em solos de cultivo de arroz de Orissa. Lestan *et al.* (2003) referiram que, em solos da região de Celje, na Eslovénia, a maior parte do Zn (1,4 a 25,4%) residia em formas menos lábeis ligadas a óxidos de ferro e manganês. O zinco ligado a óxidos de ferro para os Ultisols cultivados foi de 64% (Zauyah *et al.*, 2004). Obrado *et al.* (2006) referiram que o teor de Zn ligado a ferro amorfo e óxido de alumínio variava entre 13,0 e 51,2% em solos agrícolas ácidos a neutros.

Bashir *et al.* (2007) verificaram que o Zn ligado a óxidos variava entre 8,32-27,00 mg kg^{-1} em solos de Lahore. Shober (2007) referiu que a fração redutível de Zn se situava entre 2,06 e 6,68 mg kg^{-1} em solos da Pensilvânia, EUA. Wijebandara *et al.* (2007) referiram que o teor de Zn ligado ao óxido de manganês variava entre 2,18 e 7,65 mg kg^{-1} em solos de Gangavati taluk de Dharwad, com uma média de 4,53 mg kg^{-1} . A contribuição desta fração para o Zn total foi de 0,50 a 4,20 mg kg^{-1} . Minkina *et al.* (2008) referiram que o Zn ligado ao ferro amorfo e ao óxido de alumínio era de 0,3 mg kg^{-1} em solos de chernozem. Aydinalp *et al.* (2009) verificaram que o Zn ligado a óxidos de ferro amorfos era em média 32,1% em Ultisols cultivados e 92,1% em Inceptisols. Chen *et al.* (2009) relataram que, em solos da cidade de Pequim, o Zn ligado a óxidos variou de 7,94-20,29 mg kg^{-1} com uma média de 12,25 mg kg^{-1} . Kumar e Babel (2011) examinaram que o teor de Zn ligado a óxidos de ferro amorfo e alumínio variava de 23,99-108,93 mg kg^{-1} em solos de Orissa, constituindo 7,08% do elemento total.

2.1.4.2 Cobre ligado a óxido (Cu)

Os óxidos metálicos são uma fonte significativa que controla a distribuição de Cu nos solos.

A remoção de óxidos amorfos de um solo diminui 100 vezes a fração de Cu sorvido/ Cu solúvel (Agbenin e Olojo, 2004). Embora a matéria orgânica seja o principal componente que afecta a sorção de Cu, especialmente a pH neutro, os óxidos controlam a distribuição em solos que contêm um menor teor de matéria orgânica (Vega *et al.*, 2007). Através do fracionamento, foi determinado que 15% do Cu foi extraído pelo oxalato, sendo a parte sorvida pelos óxidos livres. Isto mostra que o óxido de ferro amorfo fornece um importante sumidouro para o Cu, mas pode não diminuir a solubilidade do Cu no solo.

Falatah (1993) explorou que o Cu na fração ligada ao óxido era maior, mas na sua forma ocluída era menor para sistemas de lavoura de conservação comparados com sistemas convencionais. Ma e Roa (1997) descobriram que o Cu ligado ao óxido era de 27,5 mg kg^{-1} em Mollisols. Nikola *et al.* (2001) relataram que o Cu ligado a óxido era de 2,61 mg kg^{-1} em solos serpentinos da Sérvia. A distribuição do Cu correspondeu a 11% na fração de óxido de ferro, 8% na fração de óxido de alumúnio e 3% nas fracções de óxido de manganês em solos do Brasil (Williams *et al.* 2003). Gondek (2006) revelou que o Cu ligado a óxidos era de 2,63-41,07 mg kg^{-1} em solos da Polónia. Shober (2007) mostrou que a fração redutível de Cu se situava entre 0,49 e 3,92 mg kg^{-1}. Minkina *et al.* (2008) descobriram que o ferro amorfo e o óxido de alumúnio ligados ao Cu eram 0,2 mg kg^{-1} em solos de chernozem. Chen *et al.* (2009) referiram que, nos solos de Pequim, o Cu ligado a óxidos variava entre 8,24 e 15,09 mg kg^{-1} com um valor médio de 11,64 mg kg^{-1}. Kumar e Babel (2011) verificaram que o teor de Cu ligado a óxidos de ferro amorfo e alumínio variava entre 3,50-11,49 mg kg^{-1} (4,91%) em solos de Orissa.

2.1.4.3 Ferro ligado a óxidos (Fe)

Nikola *et al.* (2001) verificaram que o Fe ligado a óxidos era de 8,9 mg kg^{-1} em solos de serpentina. Olubunmi (2010) referiu que o Fe ligado a óxidos variava entre 337-803,8 mg kg^{-1} com um valor médio de 479,55 mg kg^{-1} em solos de Agbabu, Nigéria. Adaikpoh (2011) investigou que o óxido de Fe era de 12,95-32,66% em solos da Nigéria. Jelic *et al.* (2011) concluíram que, em Vertisols da Sérvia, o Fe ligado a óxidos era de 4024 e 4094 mg kg^{-1} em solos de campo e de prado, respetivamente.

Osakwe (2012) referiu que o Fe ligado a óxidos variava entre 15,4-98,4 mg kg^{-1} em solos do sudeste da Nigéria.

2.1.4.4 Manganês ligado a óxidos (Mn)

Em solos bem drenados e bem arejados com pH acima de 6,0, grande parte do Mn existe como óxidos de manganês (Moja, 2007). No entanto, quando os solos ficam encharcados durante dois ou três dias, o oxigénio perde-se do solo e os microrganismos utilizam o oxigénio quimicamente combinado nos óxidos de manganês e de ferro para as suas necessidades respiratórias. Este processo liberta o Mn das formas não disponíveis (MnO_2) para as formas disponíveis (Mn^{2+}) e aumenta o conjunto de Mn disponível no solo (Sims e Wells, 1985). Assim, a humidade excessiva e a matéria orgânica facilmente disponível resultam em níveis elevados de Mn disponível no solo através da redução de óxidos de manganês.

Nikola *et al.* (2001) notificaram que o Mn ligado a óxidos era de 13,96 mg kg^{-1} em solos serpentinos da Sérvia. Alvarez *et al.* (2006) indicaram que o teor de Mn ligado a óxidos de ferro amorfo e alumúnio era de 72 mg kg^{-1} em solos de Espanha. Obrado *et al.* (2006) verificaram que o teor de Mn ligado a óxidos variava entre 4,0 e 28,2 mg kg^{-1} (3,4 a 20,9%) em solos agrícolas ácidos a neutros da Espanha Central. Bashir *et al.* (2007) verificaram que o Mn ligado a óxidos variava entre 2,2 e 6,0 mg kg^{-1} em solos de Lahore. Olubunmi (2010) confirmou que o Mn ligado a óxidos variava entre 9,05-37,00 mg kg^{-1} com um valor médio de 17,19 mg kg^{-1} no solo de Agbabu. Adaikpoh (2011) concluiu que o teor médio de Mn ligado a óxidos era de 16,42-31,06 mg kg^{-1} em solos da Nigéria. Sharma e Mukherjee (2011) revelaram que o Mn adsorvido em superfícies de óxido variava entre 28-173 mg kg^{-1} em solos de zonas áridas do Punjab.

2.1.4.5 Chumbo ligado a óxidos (Pb)

Os óxidos de ferro e manganês fornecem normalmente a superfície de adsorção mais importante para o Pb, particularmente a um pH do solo mais elevado (7,9) (Sauve *et al.*, 2003; Terzano *et al.*, 2007). A extração sequencial de solos mostrou que o Pb está frequentemente associado a minerais de óxido de ferro e manganês e a fracções orgânicas/sulfureto (Burt *et al.*, 2003; Wilson *et al.*, 2006; Strawn *et al.*, 2007).

Teutsch *et al.* (2001) referiram que o Pb ligado a óxidos variava entre 3,3 e 232,0 mg kg^{-1}, o que representava cerca de 20-40% do Pb total nas imediações de uma grande autoestrada (Jerusalém-Tel-Aviv) em Israel. Lestan *et al.* (2003) observaram que, nos solos da região de Celje, a maior parte do Pb (0,0 a 16,1%) residia numa forma menos lábil ligada a óxidos de ferro e manganês. Fernandez *et al.* (2004) referiram que o teor de Pb ligado a óxidos de ferro e alumínio amorfos era de 3,93 mg kg^{-1} em solos de calcário de Haplic e de calcário de Luvic. Gondek (2006) revelou que o Pb ligado a óxidos era de 8,44-33,83 mg kg^{-1} em solos da Polónia. Jaradat *et al.* (2006) concluíram que o Pb existia principalmente na fração de óxido de Fe-Mn. Finzgar *et al.* (2007) examinaram que o Pb ligado ao óxido variava entre 0,18 e 74,2 mg kg^{-1}, o que representava cerca de 0,11-8,3% do elemento total. Guerra *et al.* (2007) investigaram que o Pb ligado ao óxido era 15,3% do metal total em Mollisols. A investigação conduzida por Shober (2007) revelou que a fração redutível de Pb se situava entre 11,48 e 19,39 mg kg^{-1}.

Minkina *et al.* (2008) referiram que o Pb ligado ao óxido de ferro amorfo e alumínio era de 0,7 mg kg^{-1} em solos de chernozem. Aydinalp *et al.* (2009) verificaram que o Pb ligado ao óxido de ferro amorfo representava em média 48,7% da sua concentração total nos Ultisols cultivados e 88,6% nos Inceptisols. Atkinson *et al.* (2010) descobriram que o Pb ligado a orgânicos era de 23,00, 1,84, 33,4 e 57,2% do Pb total num pântano arável, num local de pastagem não cultivado, numa exploração de processamento de lamas de esgoto e num local à beira de uma estrada com relva. Olubunmi (2010) referiu que o Pb ligado a óxidos variava entre 0,00-1,35 mg kg^{-1} com um valor médio de 0,88 mg kg^{-1} em solos de Agbabu.

2.1.4.6 Cádmio ligado a óxidos (Cd)

Foi proposto que os óxidos hidratados de ferro e manganês constituem o principal controlo da fixação de Cd nos solos. Esta fração pode ser considerada relativamente estável, mas pode mudar com variações nas condições redox do solo (Horsfall e Spiff, 2005).

Ma e Roa (1997) verificaram que o Cd ligado a óxidos era de 17,8 mg kg^{-1} em Mollisols. Gondek (2006) indicou que o Cd ligado a óxidos era de 0,32-45,42 mg kg^{-1} em solos da Polónia. Bashir *et al.* (2007) verificaram que o Cd ligado a óxidos variava entre 0,08-0,45 mg kg^{-1} em solos de Lahore. Olubunmi (2010) relatou que o Cd ligado a óxidos variou de 2,25-2,75 mg kg^{-1} com uma média de 2,44 mg kg^{-1} em solos de Agbabu. Osakwe (2012) encontrou baixos níveis de Cd associados a óxidos de ferro e manganês, variando de 3,93 a 21,51% com uma média de 15,86% em solos da Nigéria.

2.1.4.7 Níquel ligado a óxidos (Ni)

O níquel pode ser hospedado pela goethita, [FeO(OH)], e/ou hematita, [Fe_2O_3]. Estes dois óxidos de ferro são minerais comuns encontrados nos solos e ambos são capazes de incorporar uma variedade de elementos, incluindo o Ni, como impurezas nas suas estruturas cristalinas, através da substituição do Fe (Singh e Gilkes, 1992). Singh *et al.* (2000) verificaram que até 6% de Ni pode substituir o Fe na estrutura da hematite. Num estudo sobre um solo laterítico, Som e Joshi (2002) quantificaram o grau de substituição na goetite, encontrando rácios Ni:Fe que variam entre 1:26 e 1:50. Drysdale (2008) confirmou que o Ni estava principalmente alojado na ferrite de Ni, também conhecida como trevorite, um mineral com a fórmula $NiFe_2O_4$.

Ma e Roa (1997) verificaram que o Ni ligado ao óxido variava entre 0,4 e 0,8 mg kg^{-1} em solos contaminados dos EUA. Nikola *et al.* (2001) registaram que o Ni ligado a óxidos era de 10,32 mg kg^{-1} em solos de serpentina. Fernandez *et al.* (2004) referiram que o teor de Ni ligado a óxidos de ferro amorfo e alumínio era de 7,7 mg kg^{-1} em solos de calcário Haplic e de calcário Luvic. Guerra *et al.* (2007) referiram que o Ni ligado a óxidos representava 15,3% do metal total em Mollisols. Shober (2007) referiu que a fração redutível de Ni se situava entre 0,8 e 1,19 mg kg^{-1} em solos da Pensilvânia, EUA.

Khurana e Bansal (2008) referiram que o Ni ligado a óxidos era de 9,44-27,62 mg kg^{-1} em solos tratados com águas residuais e de 5,72-12,25 mg kg^{-1} em solos irrigados com poços tubulares do Punjab. O valor relativamente mais elevado da fração de óxidos nos solos tratados com águas residuais, em comparação com os solos irrigados com poços tubulares, deve-se muito provavelmente à predominância de óxidos de ferro e manganês livres no primeiro caso. Olubunmi (2010) descobriu que o Ni ligado a óxidos variava de 8,00-12,85 mg kg^{-1} com um valor médio de 9,98 mg kg^{-1} em solos de Agbabu. Osakwe (2012) registou que o Ni ligado a óxidos variava entre 0,17 e 0,29 mg kg^{-1} em solos do sudeste da Nigéria.

2.1.5 Matéria orgânica ligada ou fração oxidável de microelementos

Isto inclui metais associados através de complexação ou processo de bioacumulação com vários tipos de materiais orgânicos, tais como organismos vivos, detritos ou revestimentos em partículas minerais (Tokalioglu *et al.*, 2000). As substâncias orgânicas apresentam um elevado grau de seletividade para iões divalentes em comparação com iões monovalentes. A composição da matéria orgânica no solo é altamente complexa, consistindo em resíduos orgânicos, biomassa do solo, húmus, ácidos húmicos e humina, que desempenham um papel importante na distribuição e dispersão de metais através de mecanismos de quelação e troca catiónica. As substâncias húmicas (ácidos húmicos e fúlvicos e humina) são as mais importantes no que diz respeito à interação com os metais, devido à sua estabilidade no solo e à sua abundância relativa (até 80% da matéria orgânica do solo) (Sposito, 2008).

A degradação da matéria orgânica em condições oxidantes pode levar à libertação de metais vestigiais solúveis ligados a este componente. A fração orgânica libertada na fase oxidável não é considerada muito móvel ou disponível, uma vez que se pensa estar associada a substâncias húmicas estáveis de elevado peso molecular que libertam metais de forma lenta. Filgueiras *et al.* (2002) referiram que esta fração era uma das mais pequenas ou mesmo negligenciável nos horizontes superficiais do solo. Para remover os metais ligados à fase orgânica, a matéria orgânica deve ser oxidada (Tessier *et al.*, 1979). As associações de metais com a fração orgânica não são perigosas para o ambiente porque esta fração é menos extraível. Mas quando o ambiente se torna cada vez mais redutor ou oxidante, eles podem ser mobilizados (Yobouet *et al.*, 2010).

2.1.5.1 Zinco de ligação orgânica (Zn)

Hazra *et al.* (1993) examinaram que, em solos vermelhos e lateríticos de Bengala Ocidental, o teor de Zn ligado a orgânicos variava entre 0,5 e 3,0 mg kg^{-1} , constituindo cerca de 3,8% do Zn total. Prasad e Sarangathem (1993) referiram que os complexos de Zn-ácido fúlvico com a constante de estabilidade mais baixa são adsorvidos nos colóides do solo com ligações covalentes electrostáticas e coordenadas e que esses complexos são menos estáveis. Nalgumas séries de solos de referência e estabelecidos de Maharashtra,

Dhane e Shukla (1995) observaram que o Zn ligado a elementos orgânicos representava 0,5% do Zn total. Hazra e Mandal (1996) observaram que a fração de Zn ligado organicamente era comparativamente maior em Inceptisols do que em Alfisols de Bengala Ocidental, o que foi atribuído ao maior teor de matéria orgânica nos primeiros solos. Os autores afirmaram que, embora o teor de matéria orgânica fosse bastante elevado, o teor de Zn ligado organicamente era menor nos solos de Howrah, o que foi atribuído ao pH mais baixo do solo (4,3). Observaram também que 94,9% da variação do teor de Zn ligado organicamente se devia ao efeito combinado das propriedades do solo. Estudos efectuados por Pal *et al.* (1997) revelaram que o teor de Zn ligado organicamente variava de 0,82 a 0,90 mg kg^{-1} em Haplustulfs de Orissa e constituía cerca de 2,0% do Zn total. Foi também demonstrado que a variação do Zn ligado organicamente foi de 26,3% devido ao efeito combinado das características físico-químicas dos solos.

Lestan *et al.* (2003) verificaram que nos solos da região de Celje, Eslovénia, cerca de 14,8 a 56,2% do Zn total estava ligado à matéria orgânica. O valor médio de Zn ligado à matéria orgânica para os Ultisols cultivados da Malásia foi registado como sendo de 1,3% (Zauyah *et al.*, 2004). Alvarez *et al.* (2006) mostraram que a fração orgânica do teor de Zn era de 0,55 mg kg^{-1} em solos do centro de Espanha. Obrado *et al.* (2006) observaram que a fração de Zn associada à matéria orgânica variava entre 0,4 e 3,2 mg kg^{-1} com uma média de 4,9% do teor total em solos agrícolas ácidos a neutros. Bashir *et al.* (2007) verificaram que o Zn ligado à matéria orgânica variava entre 8,32 e 27,0 mg kg^{-1} em solos de Lahore. Wijebandara *et al.* (2007) confirmaram que o Zn complexado organicamente em solos de Gangavati taluk de Dharwad variava entre 0,67 e 3,48 mg kg^{-1} com uma média de 1,76 mg kg^{-1} e a sua contribuição para o Zn total variava entre 0,26 e 11,6%. Aydinalp *et al.* (2009) verificaram que o Zn orgânico nos Ultisols cultivados era, em média, de 1,1%. Olubunmi (2010) referiu que a ligação orgânica de Zn variou de 15,06-50,92 mg kg^{-1} com um valor médio de 25,15 mg kg^{-1} em solos de Agbabu, Nigéria. Regmi *et al.* (2010) mostraram que o Zn de ligação orgânica era em média 0,35 mg kg^{-1} em agricultura convencional e 0,58 mg kg^{-1} em sistemas de agricultura biológica. Kumar e Babel (2011) referiram que o teor de Zn de ligação orgânica variava entre 0,45-3,89 mg kg^{-1}, representando cerca de 2,26% do Zn total nos solos de Orissa.

2.1.5.2 Cobre (Cu) ligado a orgânicos

Sabe-se que o cobre tem uma elevada afinidade pela matéria orgânica (Chlopecka *et al.*, 1996) e a sua preferência pela matéria orgânica é apoiada pela elevada constante de estabilidade dos complexos de Cu com a matéria orgânica (Ramos *et al.*, 1999). A retenção de $CuOH^+$ nas substâncias húmicas aumenta com o aumento do pH. Verificou-se que a sorção de carbono orgânico dissolvido pode bloquear os locais de sorção de Cu. Para tratamentos sem calagem, a distribuição do Cu correspondeu a 17% na fração orgânica (Williams *et al.*, 2003). De um modo geral, a matéria orgânica dissolvida controla a solubilidade do Cu através da formação de complexos de Cu de carbono orgânico dissolvido e da redução da retenção de Cu por competição (Martinez-Villegas e Martinez, 2008).

Ma e Roa (1997) descobriram que a ligação orgânica do Cu era de 0,6 mg kg^{-1} em Mollisols. Gondek (2006) indicou que o Cu de ligação orgânica era de 1,72-26,98 mg kg^{-1} em solos da Polónia. Minkina *et al.* (2008) revelaram que o Cu de ligação orgânica era de 4,2 mg kg^{-1} em solos de chernozem da Rússia. Chen *et al.* (2009) verificaram que, nos solos de Pequim, na China, o Cu de ligação orgânica variava entre 25,51 e 43,64 mg kg^{-1} com um valor médio de 37,32 mg kg^{-1} . Olubunmi (2010) referiu que a ligação orgânica do Cu variava entre 4,06-38,68 mg kg^{-1} com um valor médio de 14,40 mg kg^{-1} em solos de Agbabu, na Nigéria.

2.1.5.3 Ferro ligado a orgânicos (Fe)

Um teor muito baixo de Fe (1,09%) na fração orgânica foi relatado por Horsfall e Spiff (2005). Uma média de 6,44% de Fe nesta fração foi observada por Iwegbue *et al.* (2007). Olubunmi (2010) referiu que o Fe de ligação orgânica variou de 239,5-1149,00 mg kg^{-1} com um valor médio de 569,00 mg kg^{-1} em solos de Agbabu, Nigéria. Adaikpoh (2011) mostrou que o Fe de ligação orgânica era de 28,27-44,39% em solos da Nigéria. Jelic *et al.* (2011), ao investigarem os Vertisols da Sérvia, revelaram que o Fe de ligação orgânica era de 221 mg kg^{-1} no campo e de 231 mg kg^{-1} em solos de prados. Osakwe (2012) referiu que o Fe de ligação orgânica variava entre 58,7-140,3 mg kg^{-1} com uma média de 5,63% em solos do sudeste da Nigéria.

2.1.5.4 Manganês (Mn) ligado a orgânicos

Nikola *et al.* (2001) referiram que a fração de Mn ligado organicamente era de 6,12 mg kg^{-1} em solos serpentinos da Sérvia. Alvarez *et al.* (2006) revelaram que a fração de Mn ligado organicamente era de 14 mg kg^{-1} em solos da Espanha Central. Bashir *et al.* (2007) verificaram que a fração de Mn ligado organicamente variava entre 2,2 e 6,0 mg kg^{-1} em solos de Lahore, no Paquistão. Moja (2007) indicou que o Mn de ligação orgânica era de 185,6 mg kg^{-1} em alguns solos da África do Sul. Olubunmi (2010) verificou que o Mn de ligação orgânica variava entre 5,82-24,6 mg kg^{-1} com um valor médio de 13,47 mg kg^{-1} em solos de Agbabu, na Nigéria. Adaikpoh (2011) verificou que o Mn de ligação orgânica era de 21,33-35,91% em solos da Nigéria. Sharma e Mukherjee (2011) revelaram que o Mn ligado a sítios orgânicos variava entre 14-56 mg kg^{-1} em solos de zonas áridas do Punjab.

2.1.5.5 Chumbo ligado organicamente (Pb)

Teutsch *et al.* (2001) revelaram que o Pb ligado à matéria orgânica variava entre 0,3 e 71,0 mg kg^{-1} , o que representava cerca de 1,2-20,0% do Pb total nas proximidades da autoestrada Jerusalém-Tel-Aviv em Israel. Nos solos da região de Celje, na Eslovénia, cerca de 35,8 a 71,1% do Pb estava ligado à matéria orgânica (Lestan *et al.*, 2003). Gondek (2006) verificou que o Pb ligado à matéria orgânica era de 8,44-33,83 mg kg^{-1} em solos da Polónia. Finzgar *et al.* (2007) examinaram que o Pb de ligação orgânica representava 31,5 a 74,7% do Pb total do solo. Guerra *et al.* (2007) revelaram que o Pb de ligação orgânica representava 5,5% do metal total em Mollisols do Chile. Minkina *et al.* (2008) referiram que o Pb de ligação orgânica era de 6,5 mg kg^{-1} em solos de chernozem da Rússia. Olubunmi (2010) referiu que o Pb de ligação orgânica variava entre 0,64-1,58 mg kg^{-1} com um valor médio de 1,09 mg kg^{-1} em solos de Agbabu. Abioye *et al.* (2011) registaram 44, 46 e 13% do total de Pb associado à fração orgânica em três solos de caça da Florida.

2.1.5.6 Cádmio (Cd) ligado a orgânicos

Fernandez *et al.* (2004) referiram que o teor médio de Cd ligado à matéria orgânica era de 0,10 mg kg^{-1} nos calcários Haplic e Luvic. O Cd de ligação orgânica foi de 0,13-18,14 mg kg^{-1} em solos da Polónia (Gondek, 2006). Chen *et al.* (2009) observaram que nos solos da cidade de Pequim, na China, o Cd de ligação orgânica estava abaixo do limite de deteção. Olubunmi (2010) verificou que o Cd de ligação orgânica variava entre 0,18-0,40 mg kg^{-1} com um valor médio de 0,31 mg kg^{-1} em solos de Agbabu. Yobouet *et al.* (2010) examinaram menos de 6% de Cd na forma de ligação orgânica amorfa. Adaikpoh (2011) referiu que o Cd de ligação orgânica era de 2,55-11,05% em solos da Nigéria. Rahmani *et al.* (2012) mostraram que, em alguns solos calcários, o Cd de ligação orgânica era de 0,18 mg kg^{-1} .

2.1.5.7 Níquel ligado organicamente (Ni)

Cunningham *et al.* (1975) indicaram que, uma vez que o Ni parece ser organofílico, a sua associação química era mais favorável à formação de complexos orgânicos fortes. Nikola *et al.* (2001) referiram que o Ni de ligação orgânica era de 14,83 mg kg^{-1} em solos serpentinos da Sérvia. O teor médio de Ni ligado a orgânicos expresso em percentagem da soma de todas as fracções para os Ultisols cultivados da Malásia foi de 1,3 (Zauyah *et al.*, 2004). Khurana e Bansal (2008) referiram que o Ni ligado a orgânicos era de 1,34-2,64 mg kg^{-1} em solos irrigados por esgotos e de 0,16-0,54 mg kg^{-}

[1] em solos irrigados por poços tubulares do Punjab. Olubunmi (2010) observou que o Ni ligado a orgânicos variava de 2,10-0,5 mg kg[-1] com um valor médio de 2,82 mg kg[-1] em solos de Agbabu. Osakwe (2012) observou baixos níveis de Ni na fração orgânica, variando de 0,13-0,28 mg kg[-1].

2.1.6 Fração residual de microelementos

A fração residual de microelementos é constituída por minerais primários e secundários nos quais os elementos estão associados à estrutura mineral. Esta fração é a mais difícil de remover e requer a utilização de ácidos fortes para quebrar as estruturas de silicato (Tessier *et al.*, 1979). É muitas vezes referida como a fase inerte que representa os elementos que não se dissolvem nas condições encontradas na natureza e, portanto, o pior cenário ambiental no que respeita à mobilização de elementos (Sims e Kline, 1991; Narwal e Singh, 1998). A fração residual é um importante transportador de metais na maioria dos sistemas ambientais e pode ser considerada como um guia para o grau de indisponibilidade de metais (Horsfall e Ma, 2005). Como resultado da meteorização, uma fração do teor de elementos vestigiais é gradualmente transferida para formas acessíveis às plantas (Hlavay *et al.*, 2004). O equilíbrio entre este conjunto e as fracções solúveis em água, permutáveis e outras é extremamente lento.

2.1.6.1 Zinco residual (Zn)

Tagwira *et al.* (1993) referiram que em solos arenosos ácidos do Zimbabué derivados de diferentes rochas-mãe, o teor residual de Zn era de 6,5 mg kg[-1] e constituía 66,5% do Zn total. Afirmaram também que, nos solos ácidos derivados especificamente do granito, o teor residual de Zn era de 3,44 mg kg[-1] e constituía 60,4% do Zn total. Dhane e Shukla (1995) estudaram a distribuição de diferentes formas de Zn em séries de solos de referência e outras séries de solos estabelecidas de Maharashtra e verificaram que a fração residual de Zn era um constituinte dominante (95,9%) nestes solos. Soumare *et al.* (2003) verificaram que o Zn residual variava de 25% para Kgba a 60% para solos Bgda da África Ocidental. Zauyah *et al.* (2004) relataram que o Zn estava concentrado principalmente na fração residual em Ultisols cultivados. Obrado *et al.* (2006) observaram que a fração residual do teor de Zn variava de 4,2 a 13,9 mg kg[-1] em solos agrícolas ácidos a neutros. Bashir *et al.* (2007) verificaram que o Zn residual variava entre 11,2 e 138 mg kg[-1] em solos de Lahore, Paquistão. Han *et al.* (2007) concluíram que a maior parte do Zn (60-70%) estava presente na fração residual estável em Vertisols seleccionados do delta do rio Mississippi. A percentagem mais elevada de Zn na fração residual reflecte provavelmente a maior tendência do Zn para se tornar indisponível quando se encontra nos solos. Shober (2007) verificou que a fração residual de Zn se situava na gama de 36,97-69,72 mg kg[-1] em solos da Pensilvânia, EUA. Wijebandara *et al.* (2007) referiram que o teor residual de Zn dos solos de Gangavati de Dharwad era de

242,8564,2 mg kg^{-1} . Minkina *et al.* (2008) revelaram que o Zn residual era de 55,9 mg kg^{-1} em solos de chernozem. Aydinalp *et al.* (2009) descobriram que o Zn residual nos Ultisols cultivados do noroeste da Turquia era em média 32,1% e nos Inceptisols 92,1%. O estudo de Kamali *et al.* (2010) indicou que a quantidade da fração residual de Zn era quase 80% do Zn total nos solos do Irão. Kumar e Babel (2011) referiram que o teor de Zn residual variava entre 2,4-11,19 mg kg^{-1} nos solos de Orissa.

2.1.6.2 Cobre residual (Cu)

Nikola *et al.* (2001) investigaram que o Cu residual era de 69,42 mg kg^{-1} em solos serpentinos da Sérvia. Soumare *et al.* (2003) verificaram que o Cu residual era inferior a 35% do Cu total em solos da África Ocidental. Gondek (2006) referiu que o Cu residual era de 1,6-25,0 mg kg^{-1} em solos da Polónia. Guerra *et al.* (2007) observaram que, em solos tratados com biossólidos, os microelementos estavam predominantemente ligados à fração residual e o Cu residual era 60% do Cu total. Minkina *et al.* (2008) referiram que o Cu residual era de 36,9 mg kg^{-1} em solos de chernozem da Rússia.

Nemati *et al.* (2009) indicaram que o Cu tinha uma maior capacidade de se associar às estruturas cristalinas dos minerais. Olubunmi (2010) verificou que o Cu residual variava entre 4,70-13,2 mg kg^{-1} com um valor médio de 7,95 mg kg^{-1} em solos de Agbabu, na Nigéria. Kumar e Babel (2011) referiram que o Cu residual variava entre 3,5-11,49 mg kg^{-1} em solos de Orissa.

2.1.6.3 Ferro residual (Fe)

Os metais na forma residual não estão disponíveis para o biota, uma vez que se considera que estão contidos na matriz mineral. Nikola *et al.* (2001) verificaram que o Fe residual era de 83 mg kg^{-1} em solos serpentinos da Sérvia. Soumare *et al.* (2003) registaram a maior quantidade de Fe na fração residual, que variou entre 75 e 87% do Fe total em solos de Kgba e Bgni da África Ocidental. Han *et al.* (2007) revelaram que a maior parte do Fe (50-60%) estava presente na fração residual estável em Vertisols. Olubunmi (2010) confirmou que o Fe residual variava de 767-3686 mg kg^{-1} com um valor médio de 2257 mg kg^{-1} em solos de Agbabu, Nigéria. Adaikpoh (2011) referiu que a forma residual de Fe era de 26,01-42,64% em solos da Nigéria. Jelic *et al.* (2011) indicaram que, na Sérvia, o Fe residual era de 32552 e 31970 mg kg^{-1} em solos de campos e prados da Sérvia. Osakwe (2012) afirmou que o Fe ligado a óxidos variava entre 993-1462 mg kg^{-1} com uma percentagem média de 74,43 em solos do sudeste da Nigéria.

2.1.6.4 Manganês residual (Mn)

Nikola *et al.* (2001) concluíram que o Mn residual era de 27,18 mg kg^{-1} em solos serpentinos da Sérvia. Soumare *et al.* (2003) verificaram que o Mn residual era superior a 51% do Mn total em solos da África Ocidental. Obrado *et al.* (2006) referiram que a fração residual de Mn variava entre 4,2 e 13,9 mg kg^{-1} (26,4-56,8%) em solos ácidos a neutros. Bashir *et al.* (2007) verificaram que o Mn residual variava entre 77-168 mg kg^{-1}

em solos de Lahore.

Um estudo de caso realizado em Vertisols da planície aluvial do delta do rio Mississippi revelou que o Mn em solos de lagoas de peixe-gato era maior nas fracções lábeis e menor nas fracções potencialmente lábeis em comparação com solos de arroz e floresta que tinham maior Mn na fração potencialmente lábil (Han *et al.*, 2007). Moja (2007) referiu que o Mn residual era de 908,7 mg kg^{-1} em solos da África do Sul. Olubunmi (2010) referiu que o Mn residual variava entre 11,90-35,80 mg kg^{-1} com um valor médio de 27,40 mg kg^{-1} em solos de Agbabu. O Mn residual médio foi de 20,14-30,99% em solos da Nigéria (Adaikpoh, 2011)

2.1.6.5 Chumbo residual (Pb)

Howard e Jeffrey (1993) afirmaram que o Pb residual variava entre 6,2-70 mg kg^{-1} em solos do sudeste do Michigan. Teutsch *et al.* (2001) referiram que o Pb residual variava entre 11-51 mg kg^{-1} , o que representava 8,0-61% do elemento total nas imediações da autoestrada Jerusalém-Tel-Aviv em Israel. Lestan *et al.* (2003) mostraram que, nos solos da região de Celje, na Eslovénia, a maior parte do Pb residia numa fração residual menos lábil (10,4-53,4%). Gondek (2006) referiu que o Pb residual era de 2,7-10,82 mg kg^{-1} em solos da Polónia. Finzgar *et al.* (2007) confirmaram que o Pb residual variava entre 12,9 e 606,0 mg kg^{-1} , representando 5,9-23,8% do seu teor total no vale de Mezica e na região de Celje, na Eslovénia. Minkina *et al.* (2008) registaram um nível residual de Pb de 14,3 mg kg^{-1} em solos de chernozem da Rússia. As fracções dominantes de Pb nos Ultisols eram residuais e permutáveis, enquanto nos Inceptisols estava principalmente ligado à fração residual e de óxido de Fe/Mn (Aydinalp *et al.*, 2009). Atkinson *et al.* (2010) concluíram que o Pb residual era de 28,1, 98,0, 25,2 e 21,4% num pântano arável, num local de pastagem não cultivada, numa exploração de processamento de lamas de depuração e num local à beira de uma estrada com relva, respetivamente.

2.1.6.6 Cádmio residual (Cd)

Gondek (2006) verificou que o Cd residual era inferior ao limite de deteção em solos da Polónia. Bashir *et al.* (2007) registaram que o Cd residual variava entre 0,78-4,2 mg kg^{-1} em solos de Lahore. Olubunmi (2010) revelou que o Cd residual variava de 8,7-10,20 mg kg^{-1} com um valor médio de 9,33 mg kg^{-1} em solos de Agbabu. Osakwe (2012) verificou que o Cd residual variava entre 16,67 e 76,94%, com uma média de 37,69% nos solos da Nigéria. Rahmani *et al.* (2012) indicaram que o Cd residual era de 2,85 mg kg^{-1} em alguns dos solos calcários contaminados do Irão.

2.1.6.7 Níquel residual (Ni)

Foi indicado que o Ni é normalmente ocluído por silicatos durante a meteorização do solo (Horsfall e Spiff, 2006). Narwal e Singh (1998) observaram que o Ni estava sobretudo associado à fração residual. Ma e Roa (1997) concluíram que a fração residual era de longe a fração mais importante para o Ni nos solos, variando entre 57% e 94%.

Nikola *et al.* (2001) referiram que o Ni residual era de 48,96 mg kg^{-1} em solos serpentinos da Sérvia. Shober (2007) referiu que o Ni residual era de 7,5-16,23 mg kg^{-1} em solos da Pensilvânia, EUA. Khurana e Bansal (2008) revelaram que o Ni residual era de 13,4-38,42 mg kg^{-1} em solos tratados com esgotos e de 8,5-19,8 mg kg^{-1} em solos irrigados por poços tubulares do Punjab. A maior proporção de Ni nesta forma pode dever-se ao facto de, em resultado da irrigação com água de esgotos durante muitos anos, as condições se terem tornado propícias à difusão do Ni em minerais de silicato e outros materiais resistentes. Olubunmi (2010) relatou que o Ni residual variou de 38,20-62,30 mg kg^{-1} com um valor médio de 46,75 mg kg^{-1} em solos de Agbabu. Osakwe (2012) mostrou que a fração residual de Ni variava entre 3,15-4,63 mg kg^{-1} em solos nigerianos.

2.2 Factores que afectam as fracções químicas dos microelementos nos solos

A biodisponibilidade dos microelementos é particularmente sensível a alterações no ambiente do solo. Os factores que afectam os seus teores no solo são a matéria orgânica, o pH, o teor de calcário e a textura do solo, tal como revelado por diferentes experiências de investigação. O grau de associação dos metais a fases geoquímicas específicas depende fortemente das condições físico-químicas dos solos (Tazisong *et al.*, 2004). As diferentes fracções de metais pesados nos solos variam consideravelmente na sua reatividade química e no seu efeito ambiental. Estudos demonstraram que o método de extração química sequencial se tornou uma abordagem operacional comum para estabelecer uma relação entre as fracções de metais pesados e os seus efeitos ambientais e ecológicos (Xinde *et al.*, 2000; Pueyo *et al.*, 2003). Quando as condições ambientais (potencial redox, pH, etc.) se alteram, as características de distribuição das fracções solúvel, permutável e ligada a carbonatos (F1), ligada a óxidos de Fe-Mn (F2), ligada a sulfuretos/matéria orgânica (F3) e residual (R) alteram-se em conformidade. Tendo em conta a maior reatividade química das três fracções lábeis anteriores (F1, F2 e F3), o efeito ambiental e a capacidade de transporte dos metais no solo serão inevitavelmente afectados pela alteração das condições ambientais e, em determinadas circunstâncias, podem representar uma ameaça de poluição potencial para o solo (Wei-huang *et al.*, 2010).

2.2.1 Matéria orgânica

A matéria orgânica influencia o equilíbrio químico dos catiões de metais pesados, formando quelatos metálicos de estabilidade termodinâmica e biótica variável. O complexo do metal com uma substância orgânica de baixo peso molecular aumentará a sua mobilidade no solo. Por conseguinte, a capacidade dos ácidos orgânicos simples para solubilizar metais pode desempenhar um papel importante no destino de um metal vestigial nos solos. A matéria orgânica desempenha um papel importante não só na formação de complexos, mas também na retenção de metais pesados numa forma permutável. O tipo de complexos encontrados e a sua estabilidade relativa dependem dos atributos químicos dos polielectrólitos húmicos e fúlvicos e da natureza dos iões metálicos envolvidos nessas reacções. Os ácidos húmicos e fúlvicos são materiais complexos, heterogéneos e polidispersos, que diferem muito na sua capacidade de ligar microelementos e influenciar o seu transporte e absorção pelas plantas.

Os complexos metálicos solúveis estão associados a moléculas bioquímicas individuais, como ácidos orgânicos e aminoácidos, ao passo que os complexos metálicos insolúveis estão associados a fracções húmicas, em especial a ácidos húmicos, e também afirmaram que os complexos metálicos com a fração de ácido fúlvico da matéria orgânica são altamente solúveis em água. As substâncias húmicas têm uma capacidade relativamente elevada de complexar metais, bem como uma afinidade com iões metálicos individuais (Holtzclaw *et al.*, 1978; Hsu e Lo, 2000). A distribuição relativa de metais vestigiais em ácido húmico (HA) e ácido fúlvico (FA) pode ser utilizada para prever a estabilidade ou mobilidade de metais vestigiais no ambiente (He *et al.*, 1995). A acumulação de matéria orgânica nos horizontes superficiais por processos biológicos associados à vegetação natural e à produção vegetal parece ter resultado em valores extraíveis relativamente mais elevados de microelementos (Sharma *et al.*, 2008).

2.2.1.1 Efeito da matéria orgânica nas fracções químicas do zinco (Zn)

O teor total de Zn aumentou com o aumento do teor de carbono orgânico (Sharma *et al.*, 1992). Vários trabalhadores registaram uma correlação positiva e significativa entre a matéria orgânica e o Zn (Obrado *et al.*, 2006; Ibrahim *et al.*, 2011). Muneshwar e Sekhon (1993) referiram que a matéria orgânica representava 60% do Zn disponível em alguns Alfisols e Inceptisols indianos. Razdan (1995) referiu que o Zn permutável estava positivamente, mas de forma não significativa, relacionado com o carbono orgânico. Qian *et al.* (1996) revelaram que a adição de estrume animal aumentou a reserva lábil de Zn no solo. Correlações positivas significativas entre a matéria orgânica e várias formas de Zn sugerem que este metal tem uma forte afinidade com a matéria orgânica (Zhang *et al.*, 1997). Lestan *et al.* (2003) relataram uma correlação estatisticamente significativa (P < 0,01) entre as fracções de Zn ligadas a óxidos, matéria orgânica, carbonatos, residual e total (R^2 = 75,9, 93,2, 90,9, 87,4 e 90,6 respetivamente) e a matéria orgânica do solo.

Adeboye (2011) observou que o Zn disponível estava fortemente correlacionado a P < 0,01 com o carbono orgânico. A deficiência de Zn é mais provável nas áreas de savana devido à baixa matéria orgânica do solo resultante da cobertura vegetal esparsa e da queima anual de arbustos, uma vez que a matéria orgânica foi confirmada como o principal reservatório de Zn disponível em solos de savana da Nigéria (Mustapha *et al.*, 2011). Vijayakumar *et al.* (2011) referiram que a disponibilidade de Zn diminuía significativamente com um aumento do carbono orgânico (r = -0,033). Wijebandara *et al.* (2011) verificaram que, nos solos de Hangal taluk de Dharwad, o Zn solúvel em água, permutável e residual estava significativa e positivamente correlacionado com o carbono orgânico (r = 0,352**, 0,329**, respetivamente).

Ashraf *et al.* (2012) verificaram que o Zn permutável, óxido e orgânico estavam positivamente correlacionados (r = 0,246, 0,278, 0,416, respetivamente) e o Zn ligado a carbonato e residual estava negativamente correlacionado com o carbono orgânico (r = -0,049, -0,077, respetivamente). Mekichirwa *et al.* (2012) referiram que todas as formas de Zn (permutável, carbonato, óxido, orgânico e residual) estavam positivamente correlacionadas com o carbono orgânico.

2.2.1.2 Efeito da matéria orgânica nas fracções químicas do cobre (Cu)

O cobre apresenta fortes propriedades de sorção em muitas superfícies minerais, bem como na matéria orgânica do solo, o que faz do Cu um dos metais pesados menos móveis (Kabata-Pendias, 2001). Foi demonstrado que o cobre se adsorve fortemente à humina no solo e que a remoção da matéria orgânica reduz significativamente a adsorção de cobre, mesmo em casos de elevada capacidade de troca catiónica (Elliott *et al.*, 1986). A matéria orgânica não só controla a adsorção nos sólidos do solo, mas também o Cu (II) solúvel como catião livre. Em geral, a matéria orgânica sólida diminui a solubilidade do Cu, enquanto a matéria orgânica dissolvida aumenta a mobilidade do Cu através da complexação. A quantidade de Cu permutável aumenta significativamente com o aumento da matéria orgânica do solo (Shuman, 1988; Chhabra *et al.*, 1996; Obrado *et al.*, 2006; Sharma *et al.*, 2008; Ibrahim *et al.*, 2011). Pietrzak e McPhail (2004) referiram que o teor de matéria orgânica influencia a distribuição do Cu pelas várias fracções do solo e, por sua vez, a sua mobilidade potencial e o risco para a biota. Adeboye (2011) examinou que a matéria orgânica solúvel poderia aumentar a disponibilidade de Cu, fornecendo um forte tampão para iões Cu^{2+} livres.

Razdan (1995) observou que o Cu permutável estava positivamente e não significativamente relacionado com o carbono orgânico. Vijayakumar *et al.* (2011) relataram que a disponibilidade de Cu diminuiu significativamente com um aumento no carbono orgânico. Ashraf *et al.* (2012) confirmaram que o Cu permutável, óxido e orgânico estava positivamente correlacionado com o carbono orgânico (r = 0,221, 0,530, 0,698, respetivamente) e o Cu ligado a carbonatos e resíduos estava negativamente correlacionado com o carbono orgânico (r = -0,348, -0,137, respetivamente).

2.2.1.3 Efeito da matéria orgânica sobre as fracções químicas do ferro (Fe)

Razdan (1995) afirmou que o Fe permutável estava positivamente e não significativamente relacionado com o carbono orgânico. Gao *et al.* (2000) efectuaram um estudo de fertilização de 9 anos num solo de arroz roxo no sudoeste da China e concluíram que o estrume era uma melhor fonte de Fe disponível. Nazif *et al.* (2006) estudaram que o coeficiente de correlação (r) entre o Fe e a matéria orgânica era de 0,224 e revelaram que o Fe tinha uma correlação positiva não significativa com o teor de matéria orgânica. Isto significa que um solo rico em matéria orgânica contém mais Fe. Estes resultados estão de acordo com Goldberg *et al.* (2002). Ibrahim *et al.* (2011) mostraram que havia uma correlação negativa não significativa entre o Fe e o teor de carbono orgânico com um valor de r de -0,285. Jelic *et al.* (2011) referiram que, nos Vertissolos da Sérvia, todas as formas de Fe (trocável, carbonato, óxido e fração residual) apresentaram uma correlação não significativa com a matéria orgânica do solo. Vijayakumar *et al.* (2011) examinaram que a disponibilidade de Fe aumentou significativamente com o aumento do carbono orgânico (r = 0,42).

2.2.1.4 Efeito da matéria orgânica sobre as diferentes fracções de manganês (Mn)

O manganês apresentou uma correlação positiva e significativa com o carbono orgânico (r = 0,76) em solos da bacia do vale aluvial de Caxemira (Jalali *et al.*, 1989). Razdan (1995) verificou que o Mn permutável estava relacionado de forma positiva e não significativa com o carbono orgânico. Embora se tenha demonstrado que a distribuição do Mn no solo depende das fracções granulométricas (Tazisong *et al.*, 2004), a solução do solo e o Mn permutável retido no sítio orgânico e na superfície do óxido aumentam com o aumento do carbono orgânico. Obrado *et al.* (2006) relataram relações menos significativas entre a matéria orgânica do solo e o Mn extraível por HOAc ($r = 0,60$, $P < 0,001$) e a fração de Mn do óxido Al-Fe ($r = 0,37$, $P < 0,05$) em solos ácidos a neutros de Espanha. Ibrahim *et al.* (2011) obtiveram uma correlação negativa significativa do Mn disponível com o carbono orgânico.

2.2.1.5 Efeito da matéria orgânica sobre as fracções químicas do chumbo (Pb)

Uma forte associação do Pb com a matéria orgânica foi descrita por Kabata-Pendias e Pendias (1992). Sauve *et al.* (1998) demonstraram que, a um pH quase neutro, 80-90% do Pb dissolvido está presente como complexos orgânicos solúveis e a dissolução de complexos organo-chumbo aumenta a solubilidade do Pb e as concentrações de Pb dissolvido. Lestan *et al.* (2003) relataram uma correlação estatisticamente significativa ($P < 0,01$) entre as fracções de Pb como carbonatos, ligação orgânica e fração residual (R^2 = 90,6, 90,6 e 95,7) com o teor de matéria orgânica do solo. Fernandez *et al.* (2004) registaram uma correlação negativa entre o teor de Pb ligado ao ferro amorfo e ao óxido de alumínio e a matéria orgânica no calcissolo de Haplic e nos calcissolos de Luvic. Vodyanitskii (2006) salientou que os ácidos húmicos desempenham o papel principal na redistribuição de Pb entre diferentes fases geoquímicas. Finzgar *et al.* (2007) não encontraram correlações significativas entre a proporção de Pb na fração solúvel na solução do solo e a matéria orgânica do solo. Wang *et al.* (2010) verificaram que a relação entre o carbono orgânico total e o Pb era significativa e o coeficiente de correlação de Pearson atingiu um valor de 0,88 ($p < 0,01$). Ashraf *et al.* (2012) relataram que o Pb trocável, orgânico e residual foi positivamente correlacionado com o carbono orgânico (r = 0,487, 0,466 e 0,77, respetivamente) e o Pb ligado a carbonato e óxido foi negativamente correlacionado com o carbono orgânico (r = - 0,561, -0,235, respetivamente).

2.2.1.6Efeito da matéria orgânica nas fracções químicas de cádmio (Cd)

Fernandez *et al.* (2004) confirmaram a existência de uma correlação negativa entre o teor de Cd ligado ao ferro amorfo e ao óxido de alumúnio e a matéria orgânica em solos espanhóis. Wang *et al.* (2003) verificaram que a relação entre o carbono orgânico total e o Cd era significativa (r = 0,82, $p < 0,05$). Laurent e Pierre (2010) não encontraram qualquer correlação entre o Cd disponível e a matéria orgânica do solo.

2.2.2 pH (reação do solo)

É bem sabido que as características do solo desempenham um papel importante no controlo da disponibilidade de metais pesados. A reação do solo influencia em grande medida a sua concentração na solução do solo. A disponibilidade de metais é relativamente baixa quando o pH é de cerca de 6,5 a 7,0. A maioria dos microelementos é mais solúvel em condições ácidas. À medida que o pH do solo aumenta, as formas iónicas dos catiões metálicos são alteradas, primeiro para iões hidroxilo e, finalmente, para hidróxidos ou óxidos insolúveis dos elementos (Brady e Weil, 2002). Por cada unidade de aumento do pH, a solubilidade dos microelementos pode diminuir de 100 vezes para os catiões divalentes (por exemplo, Mn^{2+}, Cu^{2+}, Zn^{2+}) a 1000 vezes para os catiões trivalentes (por exemplo, Fe^{3+}) (Rengel, 2001). A forte relação negativa entre a concentração de metais extraíveis e o pH do solo indica que a extractibilidade dos metais diminui com o aumento do pH do solo, tal como observado por muitos investigadores (Evans *et al.*, 1995; Singh *et al.*, 1995). O pH do solo também foi considerado um importante fator de previsão da retenção e movimentação de metais nos solos (Udom *et al.*, 2004) e da extractibilidade (Rieuwerts *et al.*, 2005).

2.2.2.1 Efeito do pH nas fracções químicas do zinco (Zn)

Numerosos estudos demonstraram que o Zn está geralmente mais disponível para as plantas em solos ácidos do que em solos alcalinos. Lindsay e Norvell (1969) registaram a seguinte relação entre o Zn do solo e o pH do solo.

$$(Zn^{2+}) = 10^6 (H^+)$$

A espécie solúvel predominante de Zn em equilíbrio com o Zn do solo abaixo de pH 7,7 é o Zn^{+2} e acima deste pH predomina a espécie neutra $Zn(OH)_2$. A valores de pH elevados, formam-se os iões zincato, tais como $Zn(OH)^{-1}$ 3, $Zn(OH)^{-2}$ 4 (Lindsay e Norvell, 1978). A solubilidade do Zn é altamente dependente do pH e diminui 100 vezes por cada unidade de aumento do pH.

Sakal *et al.* (1985) registaram uma relação negativa entre o pH e o Zn disponível. O Zn permutável era geralmente a espécie dominante abaixo de pH 5,2,

enquanto que, a valores de pH mais elevados, as formas organicamente complexadas e ligadas ao óxido de Fe eram dominantes (Sims, 1986). Razdan (1995) verificou que o Zn permutável e solúvel em água estava negativamente correlacionado com o pH em solos de Ladakh. Janssen *et al.* (1997) referiram que o pH era, de facto, o único parâmetro do solo significativo para a partição do Zn e de outros metais entre a solução do solo e as fases sólidas do solo. Pal *et al.* (1997) mostraram que a fração de Zn solúvel em água tinha uma correlação negativa significativa com o pH (r = -0,34*). Sauve *et al.* (1997) referiram que a concentração de iões de Zn dissolvidos estava significativamente correlacionada com o pH do solo. Carlon *et al.* (2004) aplicaram a regressão múltipla a dados da literatura e obtiveram uma equação de regressão dependente do pH do coeficiente de distribuição solo-água para o Zn, que confirmou que o pH é geralmente reconhecido como um importante fator regulador da partição e fracionamento de metais.

O Zn disponível, trocável, solúvel em ácido e total aumentou com o aumento do pH (Nazif *et al.*, 2006). Obrado *et al.* (2006) relataram uma correlação negativa significativa entre a fração de Zn solúvel em água e trocável e o pH do solo (*r* = - 0,50, *P* < 0,01), sugerindo que a disponibilidade de Zn pode ser limitada pelo pH do solo. Finzgar *et al.* (2007) obtiveram uma correlação negativa entre o pH e a proporção de Zn permutável em solos do Vale de Mezica e da região de Celje, na Eslovénia. O pH do solo mostrou relações negativas significativas com o Zn extraível, móvel e total (Kashem *et al.*, 2007). Wijebandara *et al.* (2007) verificaram que o Zn solúvel em água e o Zn permutável se correlacionavam significativa e negativamente com o pH (r = -0,739**).

Vijayakumar *et al.* (2011) verificaram que o Zn disponível estava positiva e significativamente correlacionado com o pH. Ashraf *et al.* (2012) referiram que o Zn ligado ao carbonato e o Zn residual estavam positivamente correlacionados (r = 0,484,

0,408, respetivamente) e o Zn permutável, óxido e orgânico negativamente (r = -0,223, 0,331, -0,292, respetivamente) com o pH. Mekichirwa *et al.* (2012) examinaram que o Zn permutável, óxido, orgânico, carbonato e residual estavam positivamente correlacionados com o pH, mas o Zn ligado a óxido mostrou uma correlação negativa com o pH.

2.2.2.2 Efeito do pH nas fracções químicas do cobre (Cu)

A relação entre o Cu do solo e a reação do solo pode ser expressa da seguinte forma (Lindsay e Norvell, 1969)

$$(Cu^{2+}) = 3.2\ (H)^{+2}$$

Esta é uma relação importante que nos dá a concentração aproximada de Cu^{2+} mantida no solo. A solubilidade do Cu diminui 100 vezes por cada unidade de aumento do pH do solo (Lindsay, 1972). Alguns trabalhadores demonstraram que a acidez do solo influencia a disponibilidade de Cu, enquanto outros não encontraram qualquer relação entre estes dois factores.

O pH do solo é o principal fator que controla a disponibilidade de Cu, o aumento do pH do solo resulta na diminuição da disponibilidade de Cu. À medida que o pH aumenta, o número de cargas negativas dependentes do pH aumenta, a densidade de cargas negativas na superfície do coloide também aumenta e a disponibilidade de Cu para a planta diminui (Shuman, 1988). Os metais com maior electro-negatividade formam ligações covalentes mais fortes com os átomos de oxigénio dos minerais e, por conseguinte, são preferencialmente adsorvidos a eles. Os valores de electro-negatividade do Cu (1,90), do Zn (1,65) e do Mn (1,55) explicam a maior seletividade dos minerais do solo para o Cu e a elevada histerese para a adsorção deste elemento no solo em comparação com os outros metais (McBride, 1995).

Nazif *et al.* (2006) obtiveram o valor r de -0,145 entre o Cu e o pH do solo, mostrando que o pH estava negativamente correlacionado com o teor de Cu. Resultados semelhantes foram obtidos por Ibrahim *et al.* (2011). Kashem *et al.* (2007) relataram que as fracções de Cu não têm correlação com o pH. Vijayakumar *et al.* (2011) referiram que a disponibilidade de Cu diminuía significativamente com o aumento do pH, com um valor de r de 0,464.

2.2.2.3 Efeito do pH nas fracções químicas do ferro (Fe)

O pH tem uma influência importante nas espécies iónicas e na solubilidade dos compostos de Fe nos solos e, como tal, tem um efeito importante na sua disponibilidade para plantas. Devido à tendência dos iões ferrosos e férricos para se hidrolisarem na solução aquosa, estão presentes várias espécies iónicas. O Fe inorgânico^{3+} em solução varia com o pH e atinge um mínimo na gama de pH de 6,5 a 8,0. Acima do pH 8,0, o Fe (OH)4 é o ião dominante, o dímero Fe2(OH)2 é menos abundante, o Fe(OH)3 coloidal varia frequentemente entre 10^{-7} e 10^{-11} . Eventualmente, espera-se que o Fe coloidal se aproxime do Fe (OH)3 (aq.). Se o Fe^{3+} é o ião que é ativamente absorvido pelas plantas, é fácil perceber porque é que a absorção de Fe é reduzida a valores de pH mais elevados, uma vez que a atividade do Fe^{3+} em solução diminui 1000 vezes por cada aumento unitário do pH (Lindsay e Norvell, 1978).

Razdan (1995) referiu que o Fe permutável estava positivamente e não significativamente relacionado com o pH. O estudo de Chhabra *et al.* (1996) mostrou que o Fe disponível diminuía com o pH do solo. Os resultados são apoiados por Chinchmalatpure *et al.* (2000) e Ibrahim *et al.* (2011), que registaram uma correlação negativa significativa entre o Fe e o pH do solo. Jelic *et al.* (2011) observaram que, nos Vertissolos da Sérvia, o Fe na fração permutável, carbonatada e orgânica tinha uma correlação negativa com o pH do solo (r = -0,48, -0,70 e -0,45, respetivamente), enquanto a fração residual tinha uma correlação positiva (r = 0,54) e a fração de óxido não tinha uma correlação significativa.

2.2.2.4 Efeito do pH nas fracções químicas de manganês (Mn)

O manganês existe no solo em três estados de valência $Mn^{2+,}$ Mn^{3+} e Mn^{4+} e estas formas existem em equilíbrio dinâmico umas com as outras. Assim, a forma divalente está em equilíbrio com as formas tri e tetravalentes que são favorecidas por um pH elevado e por condições oxidantes. A presença de pH elevado nos solos favorece a precipitação ou a oxidação do Mn em óxidos superiores, como MnO2, MnO e Mn2O4 (Singh *et al.*, 1989). A disponibilidade de Mn está relacionada com a reação do solo e aumenta acentuadamente quando o pH desce abaixo de 5,5. Sharma *et al.* (1992) inferiram que o Mn disponível pode ser um problema grave em solos arenosos calcários alcalinos. Nazif *et al.* (2006) mostraram que o valor de correlação (r) entre o Mn permutável e o pH do solo era de -0,392.

Ibrahim *et al.* (2011) relataram que o valor da correlação (r) entre o Mn e o pH do solo foi de -0,740. Isto indica que, à medida que o pH aumenta, a disponibilidade de Mn diminui. O Mn ligado ao óxido e o Mn ligado ao orgânico diminuíram com o aumento do pH do solo (Sharma e Mukherjee, 2011).

2.2.2.5 Efeito do pH nas fracções químicas do chumbo (Pb)

O pH do solo é considerado um parâmetro químico importante que rege a solubilidade e a lixiviabilidade do Pb nos solos (Adriano, 2001; Alvarez *et al.*, 2001; Yang *et al.*, 2002). Sauve *et al.* (1997) referiram que a concentração de Pb dissolvido e a atividade dos iões Pb livres^{2+} estavam significativamente correlacionadas com o pH do solo. Quando o pH do solo era inferior a 5,6, estava presente mais Pb permutável do que quando o pH do solo era superior a 5,6 (Chlopecka *et al.*, 1996). O chumbo existe principalmente como espécie Pb^{2+} no solo quando o pH varia de 4 a 7; a espécie $PbOH^+$ predomina quando o pH é elevado para pH 8 e $Pb(OH)_2$ é a espécie predominante quando o pH > 8, independentemente da existência de outros ligandos complexantes de metais (Harter, 1983). A solubilidade do metal tende a aumentar a um pH mais baixo e as reacções de adsorção tornam-se mais importantes do que as reacções de precipitação e complexação. As reacções de adsorção do Pb são significativas a pH 3-5. Janssen *et al.* (1997) referiram que o pH era, de facto, o único parâmetro do solo com importância para a partição do Pb e de outros metais entre a solução do solo e as fases sólidas do solo. Lestan *et al.* (2003) observaram que o pH não afectava a proporção relativa das formas de Pb no solo. Finzgar *et al.* (2007) não examinaram correlações significativas entre a proporção de Pb na fração da solução e o pH. O pH do solo mostrou relações negativas significativas com as concentrações extraíveis, móveis e totais de Pb (Kashem *et al.*, 2007). Ashraf *et al.* (2012) investigaram que o Zn ligado ao carbonato e o Zn residual estavam positivamente correlacionados com o pH (r = 0,653 e 0,141, respetivamente) e que o trocável, o óxido e o orgânico estavam negativamente correlacionados com o pH (r = -0,280, -0,353, -0,686, respetivamente).

2.2.2.6 Efeito do pH nas fracções químicas de cádmio (Cd)

O cádmio existe como Cd^{2+}, $CdSO_4$, $CdCl^+$ em solos ácidos e Cd^{2+}, $CdCl^+$, $CdSO^4$, $CdHCO^{3+}$ em solos alcalinos. O cádmio está fortemente associado ao Zn na sua geoquímica e apresenta maior mobilidade do que o Zn em solos ácidos. Em solos alcalinos, a precipitação de compostos de Cd é o fator predominante na determinação da solubilidade do Cd (Kabata-Pendias, 2001). Estas reacções tendem a inibir o movimento do Cd no solo, contribuindo assim para a sua acumulação na camada superficial.

Harter e Naidu (2001) mostraram que, em solos alcalinos, existe a possibilidade de aumentar a solubilidade e a absorção de Cd devido à complexação facilitada do Cd com ácidos húmicos ou orgânicos. Bolan *et al.* (2003) mostraram uma relação

significativa entre o aumento da carga superficial induzida pelo pH e a adsorção de Cd^{2+}.
Os estudos de Kuo *et al.* (2004) e Tsadilas *et al.* (2005) mostraram que, com uma
diminuição do pH dos solos alcalinos, a quantidade de Cd nas plantas aumentava.
Verificou-se uma relação linear entre o pH do solo e a disponibilidade de Cd (Tudoreanu
e Phillips, 2004). Uma análise de regressão múltipla mostrou que o Cd total do solo e o
pH eram os factores significativos que influenciavam a disponibilidade de Cd (Adams *et
al.* 2004). O pH do solo mostrou relações negativas significativas com as concentrações
de Cd extraível, móvel e total do metal (Kashem *et al.*, 2007).

2.2.   Carbonato de cálcio (CaCO3)

Diferentes fracções de metais estão ligadas à forma de carbonato das suas próprias
fracções minerais. A deficiência de micronutrientes tem sido largamente registada em
culturas cultivadas em solos calcários e alcalinos. Os metais pesados ligados a carbonatos
e a outros compostos dificilmente solúveis e os métodos para a sua determinação nos
solos são de particular interesse. O carbonato de cálcio diminui a toxicidade dos metais
pesados nos solos (Brown *et al.*, 1997; Bolan *et al.*, 2003). Induz potencialmente a
imobilização de metais.

2.2.1.1   Efeito do carbonato de cálcio nas fracções químicas do zinco (Zn)

Mali *et al.* (2002) referiram que o Zn disponível apresentava uma correlação
negativa com o teor de carbonatos (r = -0,07) em solos de Maharashtra. Finzgar *et al.*
(2007) verificaram que a proporção de Zn ligado a carbonatos aumentava com o teor de
carbonato do solo. Kumar e Babel (2011) confirmaram a correlação negativa entre o Zn
e o teor de CaCO3 nos campos de cultivo de trigo do Rajastão. Ashraf *et al.* (2012)
referiram que o Zn permutável, ligado a carbonatos, ligado a óxidos, ligado a orgânicos
e residual estavam positivamente correlacionados com o CaCO3 (r = 0,558, 0,138, 0,268,
0,420 e 0,085, respetivamente).

2.2.1.2   Efeito do carbonato de cálcio nas fracções químicas do cobre (Cu)

Nazif *et al.* (2006) mostraram uma correlação não significativa entre o Cu e a cal.
Estes resultados são semelhantes aos de Sudhir *et al.* (1997) e Ganai *et al.* (1999), que
registaram uma correlação negativa entre estes dois parâmetros. Nayyar *et al.* (2001)
detectaram uma deficiência de Cu em Ustochrepts e Usti-psamments do Punjab devido
ao elevado pH e ao teor de CaCO3. Kumar e Babel (2011) observaram uma correlação
negativa entre o teor de Cu e de CaCO3 nos campos de cultivo de trigo do Rajastão.

2.2.1.3   Efeito do carbonato de cálcio nas fracções químicas do ferro (Fe)

A clorose férrica nas plantas tem sido observada principalmente em solos calcários ou com cal, o que tem sido atribuído à diminuição da disponibilidade de Fe. Katyal e Sharma (1991) observaram que o Fe total aumentava com os teores de cal e argila, enquanto o Fe e o Mn disponíveis diminuíam. Nazif *et al.* (2006) obtiveram uma correlação negativa significativa entre o teor de Fe e de cal (r = -0,588). Esta conclusão é apoiada por Chattopadhyay *et al.* (1996) e Chinchmalatpure *et al.* (2000). Kumar e Babel (2011) registaram uma correlação negativa entre o Fe e o teor de $CaCO_3$ nos campos de cultivo de trigo do Rajastão. Resultados semelhantes foram obtidos por Sharma *et al* (2003), Yadav e Meena (2009) e Sidhu e Sharma (2010).

2.2.1.4 Efeito do carbonato de cálcio nas fracções químicas do manganês (Mn)

Nos solos da bacia do vale de Caxemira, Jalali *et al.* (1989) registaram uma correlação negativa entre o Mn disponível e o $CaCO_3$. Do mesmo modo, Kumar e Babel (2011) examinaram uma correlação negativa do Mn com o teor de $CaCO_3$ em campos de cultivo de trigo do Rajastão.

2.2.1.5 Efeito do carbonato de cálcio nas fracções químicas de cádmio (Cd)

Nos solos onde a concentração de Cd é baixa, a maior parte da adsorção ocorre na superfície do carbonato, que tem mais sítios activos. A capacidade das argilas desta fração para absorver Cd depende do teor de carbonato, enquanto a adsorção máxima foi significativamente correlacionada com a calcite e o carbonato total. Em contrapartida, as formas de carbonato na fração argilosa funcionam como um sumidouro para a sorção de Cd e impedem o movimento através do solo para as águas subterrâneas. Na mudança de energia livre padrão das reacções de troca Ca-Zn e Ca-Cd, o cálcio suprimiu a troca de iões Cd em amostras e solos de esmectite (Zachara *et al.*, 1993). Num sistema simples de solo Cd-Ca, o coeficiente de seletividade do Cd está inversamente correlacionado com a atividade do Ca. Foi demonstrado que a baixa seletividade do Cd normalmente comunicada é uma função do Cd relativamente elevado na solução do solo e da ocupação do Cd por sítios de troca não selectivos. Verificou-se que o cádmio é seletivamente absorvido a partir de uma solução de Cd-Ca com uma força iónica até 0,05 mol L^{-1} (Petruzzelli *et al.*, 1985).

2.2.1.6 Efeito do carbonato de cálcio nas fracções químicas do chumbo (Pb)

A especiação do Pb em solos poluídos tem sido amplamente examinada. As principais formas minerais de Pb observadas variam normalmente consoante o local contaminado. Num local de fundição de Pb, Hrsak *et al.* (2000) encontraram os principais minerais de Pb, galena (PbS) e cerussite ($PbCO_3$). Em campos de tiro, foram também identificados produtos de meteorização do Pb, como a hidrocerussite ($Pb(CO_3)_2(OH)_2$), a cerussite ($PbCO_3$) e vestígios de massicote (PbO) (Cao *et al.*, 2003).

Li e Thornton (2001) registaram uma associação significativa do Pb à fase carbonatada do solo. Finzgar *et al.* (2007) confirmaram que a proporção de Pb ligado a carbonatos aumentava com o teor de carbonato do solo. Chlopecka *et al.* (1996) não encontraram tal correlação para o Pb. Ashraf *et al.* (2012) relataram que o Pb permutável, carbonatado, orgânico e residual ligado estava positivamente correlacionado com o pH (r = 0,324, 0,086, 0,138 e 0,282, respetivamente), enquanto a fração de óxido estava negativamente correlacionada com o carbonato de cálcio (r = -0,361).

2.2. 4Capacidade de troca catiónica   (CEC)

2.2.4.1 Efeito da capacidade de troca catiónica nas fracções químicas de zinco (Zn)

Pal *et al.* (1997) referiram que a fração de Zn solúvel em água apresentava uma correlação negativa significativa com a CEC (r = -0,44). Lestan *et al.* (2003) concluíram que a capacidade de troca catiónica não afectava a proporção relativa das formas de Zn nos solos. Obrado *et al.* (2006) encontraram correlações significativas, mas negativas, entre a CTC e a fração de Zn extraível por DTPA (r = - 0,45, P < 0,02,) e a fração de Zn ligado a elementos orgânicos (r = - 0,39, P < 0,04) em solos ácidos a neutros de Espanha. Finzgar *et al.* (2007) verificaram que a proporção de Zn ligado a óxidos de ferro e de manganês era menor em solos com CEC mais elevados. Existia uma correlação negativa muito acentuada entre a capacidade de troca catiónica e o Zn permutável (Laurent e Pierre, 2010). Kumar e Babel (2011) registaram correlações positivas e significativas entre o Zn disponível e a CTC em campos de cultivo de trigo do Rajastão. Resultados semelhantes foram observados por Sharma *et al.* (2004); Elbordiny e El-Dewiny (2008); Yadav e Meena, 2009 e Ibrahim *et al.* (2011). Mekichirwa *et al.* (2012) referiram que o Zn permutável, carbonatos, óxido, orgânico e residual ligado estavam positivamente correlacionados com a CTC em solos da Zâmbia.

2.2.4.2 Efeito da capacidade de troca catiónica nas fracções químicas de cobre (Cu)

A capacidade de troca catiónica (CEC) mostrou relações negativas significativas com as concentrações de metais extraíveis, móveis e totais (Kashem *et al.*, 2007). O efeito negativo da calagem na disponibilidade de Cu ocorre, principalmente, devido ao aumento da capacidade de troca catiónica do solo, que depende da presença de cargas dependentes do pH no solo (Alloway, 2008). Existe uma correlação negativa muito acentuada entre a capacidade de troca catiónica e o Cu (Laurent e Pierre, 2010). Kumar e Babel (2011) registaram uma correlação positiva e significativa entre o Cu e a CEC nos campos de cultivo de trigo do Rajastão. Observações semelhantes foram efectuadas por Sharma *et al.* (2003), Sharma *et al.* (2004), Yadav (2008) e Yadav e Meena (2009).

2.2.4.3 Efeito da capacidade de troca catiónica nas fracções químicas de ferro (Fe)

Ibrahim *et al.* (2011) examinaram que, nos solos de Billiri, havia uma correlação negativa não significativa entre Fe e CEC (r = -0,235). A disponibilidade de Fe na área não dependia, de forma significativa, de nenhuma das propriedades do solo. Jelic *et al.* (2011) referiram que, nos Vertissolos da Sérvia, o Fe na fração permutável não tinha uma correlação significativa com a CTC, enquanto as fracções de carbonato e óxido apresentavam uma correlação negativa com a CTC (r = -0,55 e -0,49, respetivamente), e a fração orgânica e residual apresentava uma correlação positiva (r = 0,50 e 0,63, respetivamente). Kumar e Babel (2011) registaram correlações positivas e significativas entre o Fe e a CEC nos campos de cultivo de trigo do Rajastão.

2.2.4.4 Efeito da capacidade de troca catiónica nas fracções químicas de manganês (Mn)

Ibrahim *et al.* (2011) relataram que o Mn estava negativamente e significativamente correlacionado com o CEC. Este resultado foi semelhante às conclusões de Laurent e Pierre (2010). Kumar e Babel (2011) registaram correlações positivas e significativas do Mn com a CEC nos campos de cultivo de trigo do Rajastão.

2.2.4.5 Efeito da capacidade de troca catiónica nas fracções químicas de chumbo (Pb)

Lestan *et al.* (2003) mostraram que a capacidade de troca catiónica não afectou as proporções relativas das fracções de Pb no solo. Finzgar *et al.* (2007) não encontraram correlações significativas entre a proporção de Pb na fração solúvel e a capacidade de troca catiónica.

2.2.4.6 Efeito da capacidade de troca catiónica nas fracções químicas de níquel (Ni)

Existe uma correlação negativa muito acentuada entre a capacidade de troca catiónica e o Ni (Laurent e Pierre, 2010).

2.2. 5Textura do solo

Estão envolvidos diferentes processos para a retenção de iões metálicos em diferentes fracções dos solos, como a adsorção, a precipitação, a complexação, a troca iónica, a formação de complexos de superfície e a precipitação (Adriano *et al.*, 2004). A retenção e o movimento de metais pesados nos solos podem ser correlacionados com as argilas e a área de superfície das partículas do solo (Kabata-Pendias e Pendias, 2001). Os solos com elevados teores de argila têm uma baixa mobilidade e biodisponibilidade dos metais, principalmente devido à elevada capacidade de ligação (Mantovi *et al.*, 2003), bem como à grande área de superfície da matriz do solo (Francois *et al.*, 2004). As argilas do solo adsorvem microelementos através de reacções de troca iónica e pela formação de complexos de esfera interna nos bordos das partículas de argila. Por esta razão, Moller *et al.* (2005) observaram um horizonte de solo sub-superficial não contaminado em solos com elevado teor de argila, o que foi atribuído à retenção de metais pela argila na superfície do solo. Por outro lado, observou-se uma maior concentração de metais na solução de solos de textura grosseira com baixo teor de matéria orgânica do que em solos de textura fina com elevado teor de argila, o que pode dever-se a uma fraca retenção de metais (Hooda e Alloway, 1994). Os solos de textura siltosa podem ter uma capacidade de retenção de metais pesados relativamente elevada do que outros solos de textura grosseira devido à presença de carbonatos, sendo a magnitude dessa capacidade de retenção comparável à capacidade de retenção de certos solos argilosos (Cabral e Lefebvre, 1998).

Concluiu-se que a adsorção de iões de metais pesados pelas caulinites e esmectites resulta da coordenação da superfície da esfera interna dependente do pH com os grupos hidroxilo da extremidade, enquanto a troca iónica da esfera externa com os locais de superfície permanentemente negativos (Kraepiel *et al.*, 1999). A maior parte dos solos das regiões temperadas são compostos por argilas que são dominadas por cargas superficiais negativas permanentes.

2.2.5.1 Efeito da textura do solo nas fracções químicas do zinco (Zn)

Singh e Singh (1994) encontraram uma correlação negativa significativa entre o Zn disponível e o teor de argila de solos com 0,6-7,8% de carbono orgânico. Rivero *et al.* (2000) relataram que a adição de minerais de argila em solos poluídos causou uma diminuição significativa nas formas extraíveis em água e trocáveis de metais pesados, como o Zn. Ibrahim *et al.* (2011) mostraram que havia uma correlação positiva significativa de Zn com argila (r = 0,539). Kumar e Babel (2011) indicaram correlações positivas entre o Zn e o teor de argila e silte, mas correlações negativas com o teor de areia em campos de cultivo de trigo do Rajastão. Ashraf *et al.* (2012) identificaram que o Zn permutável, ligado a óxidos e orgânico estava positivamente correlacionado com o teor de argila (r = 0,246, 0,278, 0,416, respetivamente) e o Zn ligado a carbonatos e residual estava negativamente correlacionado com o teor de argila (r = - 0,049 e -0,077). Mekichirwa *et al.* (2012) referiram que o Zn permutável, óxido, orgânico, carbonato, óxido e residual estava positivamente correlacionado com a argila nos solos da Zâmbia.

2.2.5.2 Efeito da textura do solo nas fracções químicas do cobre (Cu)

Williams (2003) encontrou uma correlação negativa entre o Cu disponível e o teor de argila. Nazif *et al.* (2006) referiram que o valor de r entre o Cu e a argila era de 0,336. Isto significa que existia uma correlação positiva não significativa entre o Cu e a argila. Os resultados estão de acordo com Chhabra *et al.* (1996), que encontraram um tipo de correlação semelhante entre o teor de Cu e de argila.

Ibrahim *et al.* (2011) relataram que, em solos de Billiri, o Cu estava positivamente correlacionado com a argila. Resultados semelhantes foram registados por Verma *et al.* (2005) e Samndi *et al.* (2007). Elbordiny e El-Dewiny (2008) também registaram uma correlação positiva significativa entre o teor de Cu e de argila, ao estudarem os solos de aluvião da Malásia.

2.2.5.3 Efeito da textura do solo nas fracções químicas do ferro (Fe)

Sallam (2002) registou uma correlação significativa do Fe disponível com a argila (r= 0,855**) e uma correlação negativa significativa com a areia (r= -0,589**) em Mollisols. Jelic *et al.* (2011) indicaram que, nos Vertissolos da Sérvia, o Fe na fração permutável não teve uma correlação significativa com o teor de areia, silte e argila, a fração carbonatada mostrou uma correlação negativa com a argila (r = -0,50), uma correlação positiva com o silte (r = 0,55) e uma correlação não significativa com a areia. A fração de óxido apresentou uma correlação não significativa com a areia, o silte e a argila. A fração orgânica apresenta uma correlação não significativa com a areia e o silte, mas uma correlação positiva significativa com a argila (r = 0,43). A fração residual apresentou uma correlação não significativa com o silte, mas uma correlação positiva significativa com a argila (r = 0,83) e uma correlação negativa com a areia (r = 0,78). Kumar e Babel (2011) registaram correlações positivas e significativas de Cu com argila e silte, mas correlação negativa com o teor de areia em campos de cultivo de trigo do Rajastão.

2.2.5.4 Efeito da textura do solo nas fracções químicas do manganês (Mn)

Sharma *et al.* (1996) registaram uma correlação positiva entre o Mn e o teor de argila. Sallam (2002) encontrou um coeficiente de correlação significativo entre o Mn e o teor de argila (0,582**) em Mollisols da Arábia Saudita. Assim, o teor de argila desempenha um papel positivo no aumento do nível de Mn no solo. Ibrahim *et al.* (2011) referiram que, nos solos de Billiri, o valor de correlação (r) entre o Mn e a argila era de - 0,505*, provando que o Mn estava negativamente e significativamente correlacionado com a argila. Este resultado foi diferente das conclusões de Elbordiny e El-Dewiny (2008), que indicaram uma correlação positiva entre o Mn e a argila.

2.2.5.5 Efeito da textura do solo nas fracções químicas do chumbo (Pb)

Os minerais de argila desempenham um papel significativo na acumulação, adsorção e dessorção, bem como nos processos de troca de iões metálicos, incluindo o Pb (II) (Apak *et al.*, 1998). Fernandez *et al.* (2004) referiram a correlação negativa entre o Pb ligado a óxidos e o teor de argila em solos de calcário de Haplic e de calcário de Luvic em Espanha. Num estudo sobre poeiras rodoviárias em zonas urbanas e industriais realizado por Manno *et al.* (2006), a concentração de Pb foi quase independente da fração de tamanho das partículas. Ma e Rao (1997) determinaram a distribuição de Pb em diferentes fracções de tamanho em onze solos contaminados. Em geral, a concentração total de Pb nos solos aumentou com a diminuição do tamanho das partículas. Ashraf *et al.* (2012) indicaram que o Pb trocável, óxido, orgânico e residual estava positivamente correlacionado com o teor de argila (r = 0,123, 0,183, 0,651 e 0,096, respetivamente) e que o Pb ligado a carbonatos estava negativamente correlacionado com o teor de argila (r = -0,572) em solos da Malásia.

2.2.5.6 Efeito da textura do solo nas fracções químicas de cádmio (Cd)

Singh e Singh (1994) encontraram uma correlação negativa significativa entre o Cd disponível e o teor de argila dos solos. Ping *et al.* (2011) observaram que apenas a fração residual de Cd apresentou uma correlação positiva com o teor de argila e silte, enquanto as outras fracções (fração permutável, orgânica, carbonatada e ligada a óxidos) apresentaram uma correlação negativa. Apenas a fração carbonatada foi estatisticamente correlacionada.

2.2.5.7 Efeito da textura do solo em várias fracções de níquel (Ni)

A adição de minerais de argila em solos poluídos provocou uma diminuição significativa das formas de Ni permutáveis e extraíveis em água (Usman *et al.*, 2004). Ping *et al.* (2011) observaram que a fração permutável e residual de Ni tinha uma correlação positiva com o teor de argila e a fração orgânica, carbonatada e ligada a óxidos uma correlação negativa, mas nenhuma das correlações era significativa.

Capítulo 3
MATERIAIS E MÉTODOS

A presente investigação, intitulada **"Especiação química de microelementos em solos dos Himalaias da Caxemira"**, foi realizada na Divisão de Ciência do Solo da SKUAST-K, Shalimar, Srinagar, em 2011-2012. Apresentam-se em seguida os pormenores relativos aos locais de amostragem, às técnicas seguidas e aos materiais utilizados durante a investigação.

3.   1Informações gerais   sobre a zona de estudo

O vale de Caxemira situa-se no canto noroeste da Índia e ocupa a depressão formada pela bifurcação da cordilheira dos Grandes Himalaias, cujo braço sudoeste é conhecido como cordilheira de Pir Panjal e o braço nordeste como cordilheira principal dos Himalaias. No limite norte do vale encontra-se a cordilheira Qazi-Nag. Entre as muralhas montanhosas, complexamente dobradas e com falhas, situa-se o vale de Caxemira, em forma de taça, entre os paralelos 33030' e 34030' de latitude norte e 74010' e 75003' de longitude leste. A altura média acima do nível médio do mar é de 1850 metros. O clima do vale é do tipo temperado a mediterrânico, caracterizado por Verões suaves e Invernos frios. Devido às diferenças latitudinais, há uma grande variação nas condições climáticas em diferentes partes, registando-se um clima temperado típico nas altitudes elevadas, com queda de neve e frio intenso no inverno, e um clima temperado suave nas altitudes baixas. O inverno começa no início de novembro e prolonga-se até ao final de março. A maior parte da precipitação registada durante este período é sob a forma de neve. A precipitação anual registada no vale é de cerca de 75 cm. agosto é o mês mais quente, em que a temperatura sobe para 85^0 F. janeiro é o mês mais frio, em que a temperatura desce abaixo dos 0^0 C. As horas de sol mais longas são registadas em setembro, outubro e novembro. dezembro tem 80 por cento de humidade, que é a mais elevada, e maio tem 71 por cento, que é a mais baixa.

3.2Solos   e culturas predominantes na zona

3.2.1   Solos

Os solos do vale de Caxemira dividem-se, em termos gerais, em dois tipos.

3.2.1.1   Solos de Karewa   e de planalto

Estes solos encontram-se nos topos e planaltos de Karewa com uma variação de declive de 1-3 por cento e são muito profundos e bem drenados com permeabilidade moderada. Sofrem erosão severa e resultam na formação de ravinas e barrancos. Os solos pertencem à classe textural média a fina e a textura da superfície varia de franco-argilosa a franco-argilosa siltosa. A cor dos solos varia entre o castanho amarelado e o castanho escuro. São sobretudo utilizados para o cultivo de açafrão, trigo, milho e leguminosas.

3.2.1.2 Solos de planície a terras médias

Estes solos encontram-se em topografia de planície a média montanha. Apresentam uma textura moderadamente fina, sendo a textura superficial predominante a argila. A extensão da erosão nestes solos é muito menor. Os solos são de cor castanha escura a castanha amarelada escura. São sobretudo utilizados para o cultivo de arroz, mostarda e, em certos casos, trigo, devido à sua baixa permeabilidade.

3.2.2 Culturas

As culturas de cereais e de produtos hortícolas são geralmente cultivadas por pequenos agricultores e agricultores marginais no vale de Caxemira. Os grandes orquidófilos produzem culturas frutícolas como a maçã, a pera, o pêssego, a noz, a amêndoa e a cereja. Além disso, esta região é o maior produtor de açafrão do subcontinente indiano. Os jardins artificiais flutuantes nos lagos são propícios ao cultivo de flores e legumes. As florestas e as pastagens são o património natural nas altitudes mais elevadas.

3.3 Selecção dos locais de amostragem

Nove distritos dos Himalaias de Caxemira, nomeadamente Kulgam, Anantnag, Pulwama, Shopian, Budgam, Ganderbal, Bandipora, Baramula e Kupwara, foram seleccionados para a recolha de amostras de solo. Foram colhidas quarenta e quatro (44) amostras compostas de solo à superfície (0-20 cm) em diferentes locais, na sua maioria zonas cultivadas com arroz, milho, produtos hortícolas, trigo, aveia, mostarda, culturas hortícolas, pastagens e florestas, utilizando GPS. Os pormenores dos locais de amostragem são apresentados no quadro 1 e no mapa georreferenciado.

Quadro 1 :   Descrição dos locais de amostragem dos Himalaias de Caxemira

Serial No.	Village	District	Crop
1	Mali bonigam	Pulwama	Apple
2	Rajpora	Pulwama	Apple
3	Tral	Pulwama	Paddy
4	Keegam	Shopian	Apple
5	Keegam pashpora	Shopian	Apple
6	Lathipora1	Pulwama	Saffron
7	Lathipora 2	Pulwama	Saffron
8	Shurant	Kulgam	Paddy
9	Akipora	Kulgam	Apple
10	Achabal	Anantnag	Paddy
11	Mohrpur	Anantnag	Forest
12	Duksum	Anantnag	Forest
13	Duksum	Anantnag	Pasture
14	Katianwaley	Baramula	Apple
15	Muqam	Baramula	Apple
16	Shangargund	Baramulla	Apple
17	Haran	Budgam	Vegetable
18	Gambora	Budgam	Vegetable
19	Alapora	Budgam	Vegetable
20	Doru	Budgam	Vegetable
21	Hayathpora	Budgam	Vegetable
22	Mugpath	Budgam	Maize

Contd……

23	Buzgo	Budgam	Maize
24	Aloosa	Bandipora	Paddy
25	Ajas	Bandipora	Paddy
26	Wangipora	Bandipora	Paddy
27	Mirgund	Baramula	Paddy
28	Pattan	Baramula	Paddy
29	Tangmarg	Baramula	Maize
30	Magam	Baramula	Paddy
31	Salamabad	Baramula	Paddy
32	Gawata	Baramula	Paddy
33	Manigam	Ganderbal	Paddy
34	Sarfara	Ganderbal	Maize
35	Zganeir	Ganderbal	Maize
36	Kangan	Ganderbal	Paddy
37	Waskoor	Ganderbal	Paddy
38	Solar	Ganderbal	Paddy
39	Tulmula	Ganderbal	Paddy
40	Cherwan	Bandipora	Potato
41	Ismerg	Bandipora	Wheat
42	Tangdar	Kupwara	Maize
43	Taratpora	Kupwara	Paddy
44	Mawar	Kupwara	Paddy

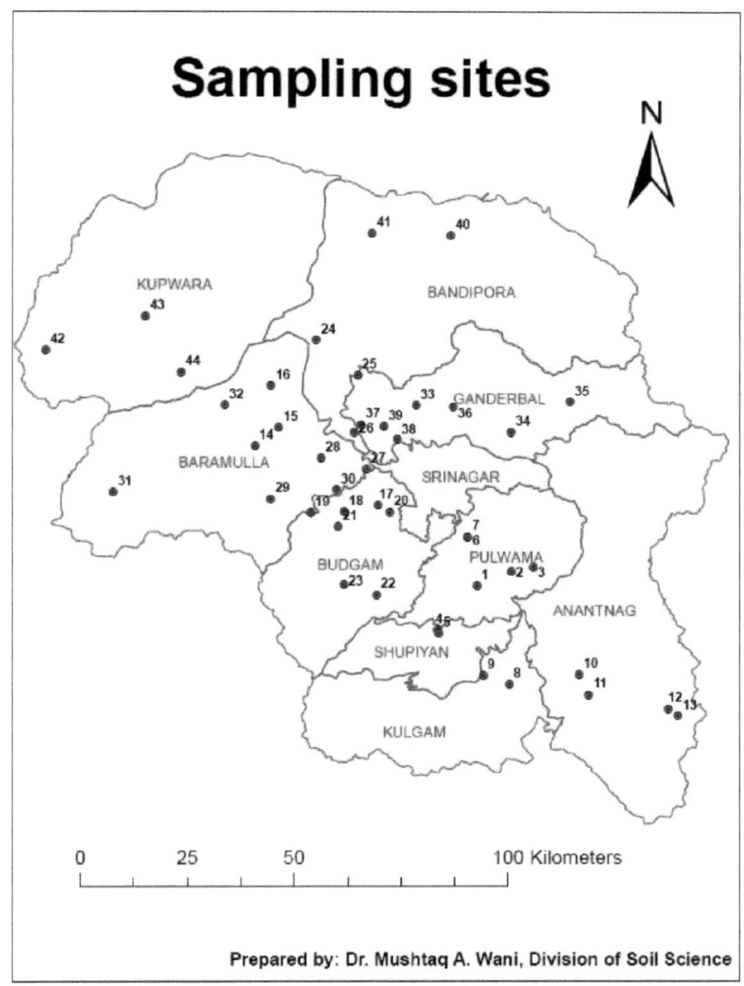

3.   4Análise do solo

As amostras de solo foram secas ao ar à sombra, moídas com um martelo de madeira e passadas por um peneiro de 2 mm. Para a determinação do carbono orgânico, as amostras foram passadas por um peneiro de 0,2 mm. As amostras de solo processadas foram utilizadas para estudos laboratoriais. As seguintes propriedades do solo foram determinadas através de procedimentos normalizados adoptados, descritos a seguir:

3.4.1 Reação do solo (pH)

A reação do solo (pH) foi determinada numa suspensão 1:2,5 solo : água com um medidor de pH digital de elétrodo de vidro (Jackson, 1973).

3.4.2 Capacidade de troca catiónica (CEC)

A capacidade de troca catiónica (CEC) dos solos foi determinada de acordo com o procedimento indicado por Rhoades (1982).

3.4.3 Carbonato de cálcio (CaCO3)

O carbonato de cálcio (CaCO3) foi determinado pelo método de Puri (1930). Dez gramas de solo em 200 ml de água destilada foram titulados com sulfato de amónio 0,5 N na presença dos indicadores azul de bromotimol e verde de bromocresol.

3.4.4 Carbono orgânico (CO)

O carbono orgânico (CO) foi determinado pelo método de titulação rápida de Walkley e Black. Um grama de solo foi digerido com uma mistura de dicromato de potássio (10 ml) e ácido sulfúrico concentrado (20 ml). O excesso de dicromato de potássio não reduzido pela matéria orgânica do solo foi determinado por titulação utilizando uma solução padrão de sulfato de amónio ferroso na presença de ácido ortofosfórico, utilizando difenilamina como indicador.

3.4.5 Análise mecânica

A análise mecânica das amostras de solo foi efectuada de acordo com o método da pipeta internacional, tal como descrito por Piper (1966). Não foram efectuados pré-tratamentos químicos durante o fracionamento dos solos em areia, silte e argila, a fim de minimizar o risco de alteração de minerais sensíveis. Foi utilizada uma solução salina de hexametafosfato de sódio a um por cento para a dispersão química das fracções de solo. Cada suspensão foi agitada mecanicamente durante 10 minutos. A areia (0,20,02 mm) foi separada por peneiração húmida, o silte (0,02-0,002 mm) e a argila (<0,002 mm) foram separados por decantação e sedimentação. O triângulo textural da Sociedade Internacional de Ciência do Solo foi utilizado para determinar a classe textural.

3.4.6 Quantificação de fracções químicas de microelementos

A extração sequencial de microelementos (Zn, Cu, Fe, Mn, Ni, Pb e Cd) foi realizada de acordo com o procedimento de Tessier *et al.* (1979). Um grama de amostra de solo processado foi extraído pela seguinte ordem:

3.4.6. 1Solúvel em água   (WS)

A porção solúvel em água de cada microelemento (fração 1) foi determinada agitando a amostra de solo com 10 ml de água desionizada durante uma hora a 20°C e centrifugada durante dez minutos a 4000 rpm. A solução foi então filtrada e armazenada para análise.

3.4.6. 2Fracção permutável   (EX)

O resíduo da fração 1 foi extraído à temperatura ambiente durante uma hora com 10 ml de solução de cloreto de magnésio (1 M $MgCl_2$) a pH 7. O solo e a solução de extração foram cuidadosamente agitados durante uma hora e depois centrifugados (10 min., 4000 rpm). A solução foi então filtrada e armazenada para análise.

3.4.6.3 Ligados   a carbonatos (CB)

O resíduo da fração 2 foi extraído com 10 ml de tampão acetato de sódio/ácido acético 1 M, pH 5, durante 5 horas à temperatura ambiente e depois centrifugado (10 min., 4000 rpm). A solução foi então filtrada e armazenada para análise.

3.4.6.4 Ligado a óxidos (OX)

O resíduo da fração 3 foi extraído em condições ligeiramente redutoras. O resíduo foi extraído com 10 ml de $NH_2OH \cdot HCl$ 0,4 M em ácido acético 25% (v/v) com agitação a 95°C num banho de água durante cinco horas e depois centrifugado (10 min., 4000 rpm). A solução foi então filtrada e armazenada para análise.

3.4.6.5 Ligado a substâncias orgânicas (ORG)

O resíduo da fração 4 foi oxidado com 7,5 ml de peróxido de hidrogénio a 30% (v/v), que foi ajustado para pH 2 com HNO_3. A mistura foi aquecida a 85°C num banho de água durante 5 horas, com agitação ocasional, e deixada arrefecer. Em seguida, adicionaram-se 2,5 ml de acetato de amónio 3,2 M em ácido nítrico a 20% (v/v), agitou-se durante meia hora e centrifugou-se. A solução foi então filtrada e armazenada para análise.

3.4.6. 6Fracção residual   ou inerte (RES)

Os resíduos da fração 5 foram digeridos com uma mistura de 5 ml de HNO_3 concentrado (HNO_3, 70% p/p), 10 ml de ácido fluorídrico (HF, 40% p/p) e 10 ml de ácido perclórico ($HClO_4$, 60% p/p). A solução arrefecida foi transferida para um balão volumétrico de 50 ml e posteriormente diluída até ao volume com H_2O desionizada e armazenada para análise.

As concentrações de Zn, Cu, Fe, Mn, Pb, Ni e Cd nos filtrados de cada etapa foram determinadas com a ajuda de um espetrofotómetro de absorção atómica (Nome, Modelo).

3.   5Análise estatística

Foi efectuada uma análise de correlação e regressão para determinar a relação entre as propriedades físico-químicas do solo e as diferentes fracções de microelementos. O software SPSS foi utilizado para a análise estatística dos dados.

Capítulo 4

RESULTADOS EXPERIMENTAIS

Os resultados da investigação "Fracionamento de metais pesados utilizando um esquema de extração sequencial" são apresentados neste capítulo sob os seguintes títulos

4. 1Características físico-químicas dos solos

4. 2Especiação química   de microelementos nos solos

4.3Influência   das propriedades do solo nas fracções químicas dos microelementos

4. 1Características físico-químicas   dos solos

4.1.   1Distribuição do tamanho das partículas

A leitura dos dados apresentados no Quadro 2 revela que a fração de areia grossa variou entre 0,2 e 7,8%, com uma média global de 2,8% em todas as amostras de solo colhidas em vários distritos dos Himalaias de Caxemira. A fração de areia fina variou de 15,8 a 52,7%, com um valor médio de 41,6%. O teor máximo de areia fina foi encontrado em Kupwara, com 48,2%. O teor de silte variou entre 9,6 e 44,8%, com uma média global de 25,6%. O teor máximo de silte (35,5%) foi registado em Shopian. O teor de argila variou entre 21,9 e 40,6%, com uma média de 30,0%. O teor máximo de argila (34,6%) foi registado em Bandipora. De um modo geral, os solos dos Himalaias de Caxemira são de textura fina, pertencendo às classes de textura argilosa, franco-argilosa e franco-argilosa siltosa.

4.1.   2pH (Reação do solo)

O pH dos solos variou entre 4,5 e 7,6, com um valor médio de 6,3 (Quadro 3). O pH mais elevado foi registado em Baramula (6,9) e o mais baixo em Kulgam (4,6). A partir destes valores, pode concluir-se que os solos têm uma reação ácida a neutra. Considerando as diferentes utilizações do solo, o pH foi mínimo nos solos de pastagem (5,2), seguidos pelos solos de floresta (5,7), maçã (6,2), vegetais (6,6), cereais (6,7) e açafrão (6,9) (quadro 4).

Quadro 2: **Distribuição do tamanho das partículas nos solos dos Himalaias de Caxemira**

District	Clay		Silt		Fine sand		Coarse sand		Textural Class
	\(%\)								
	Range	Mean	Range	Mean	Range	Mean	Range	Mean	
Kupwara	21.9-31.5	26.1	14.1-38.8	22.1	15.8-58.6	48.2	0.9-6.3	3.6	Clay loam
Baramula	23.3-36.5	30.4	9.4-37.0	27.7	32.1-50.9	40.4	0.4-3.2	1.5	Silty clay loam
Bandipora	28.5-39.8	34.6	16.5-35.3	23.4	31.3-52.7	40.5	0.5-2.9	1.5	Clay loam
Ganderbal	25.0-37.9	30.5	16.8-44.8	30.9	28.9-45.0	37.9	0.2-2.2	0.7	Silty clay loam
Budgam	26.0-40.6	33.2	9.6-28.3	18.5	28.6-52.5	43.8	2.3-5.9	4.5	Clay
Pulwama	25.6-33.4	28.5	20.1-31.5	26.4	34.3-51.6	43.4	0.3-3.7	1.7	Silty clay loam
Kulgam	25.6-33.7	29.7	19.4-24.1	21.8	39.7-52.3	46.1	2.3-2.5	2.4	Clay loam
Anantnag	23.2-31.9	27.6	17.3-30.8	23.9	32.9-45.8	44.8	1.5-7.8	3.7	Clay loam
Shopian	26.2-32.5	29.4	33.9-37.0	35.5	28 .0-30.4	29.2	5.4-6.3	5.9	Silty clay loam
Mean	21.9-40.6	30.0	9.6-44.8	25.6	15.8-58.6	41.6	0.2-7.8	2.8	-
SD		2.63	-	5.20	-	5.6	-	1.7	-

Quadro 3: Características físico-químicas dos solos dos Himalaias de Caxemira

District	pH (1:2.5)		CaCO$_3$(%)		OC (%)		CEC (cmol$_c$ kg^{-1})	
	Range	Mean	Range	Mean	Range	Mean	Range	Mean
Kupwara	5.9-6.3	6.1	0.0	0.0	0.9- 4.0	1.9	9.1-17.0	13.1
Baramula	6.3-7.6	6.9	0.0-1.6	0.3	0.9-2.1	1.2	12.0-15.3	14.1
Bandipora	6.5-7.5	6.9	0.0-0.3	0.1	1.2-2.2	1.6	13.2-18.0	16.1
Ganderbal	6.3-7.5	6.8	0.0-0.2	0.6	1.2-4.2	2.2	11.2-18.8	15.6
Budgam	5.3-7.5	6.5	0.0-4.9	1.0	1.5-4.2	2.4	11.5-23.1	15.6
Pulwama	6.1-7.6	6.7	0.0-0.2	0.1	1.2-1.9	1.5	8.1-15.3	12.1
Kulgam	4.5-4.7	4.6	0.0	0.0	1.4-1.8	1.6	9.1-12.6	10.8
Anantnag	5.2-7.2	5.9	0.0	0.0	1.8-5.2	3.3	13.2-18.5	15.5
Shopian	5.3-6.7	6.0	0.0	0.0	1.5-1.6	1.6	10.5-12.5	11.5
Mean	4.5-7.6	6.3	0.0-4.9	0.2	0.9-5.2	1.9	8.1-23.1	13.8
SD	-	0.7	-	0.4	-	0.6	-	2.0

Quadro 4: Características físico-químicas dos solos sob diferentes usos da terra nos Himalaias de Caxemira

Land use	pH (1:2.5)		CaCO$_3$(%)		OC (%)		CEC (cmol$_c$ kg^{-1})	
	Range	Mean	Range	Mean	Range	Mean	Range	Mean
Cereals	4.7-7.6	6.7	0.0-1.8	0.2	0.9-4.2	1.9	9.1-23.1	15.1
Apple	4.5-7.1	6.2	0.0-0.1	0.03	1.0-1.8	1.5	9.1-15.3	12.4
Vegetables	5.3-7.5	6.6	0.0-4.8	0.9	1.6-4.2	2.3	11.5-17.6	14.5
Saffron	6.2-7.7	6.9	0.0-0.2	0.1	1.2-1.3	1.3	8.1-12.3	10.2
Forest	5.6-5.8	5.7	0.0	0.0	2.1-5.2	3.6	13.2-18.5	15.8
Pasture	5.2	5.2	0.0-0.0	0.0	4.0-4.0	4.0	15.0-15.0	15.0

0.0 = Below detection limit

4.1.3 Carbono orgânico (CO)

Como se pode ver no quadro 3, o teor de carbono orgânico (CO) variou de 0,9 a 5,2%, com um valor médio de 1,9%. Foi registado um teor máximo de carbono orgânico de 3,3% em Anantnag e um mínimo de 1,2% nos solos de Baramula. Os solos de pastagem (4,0%) e de floresta (3,6%) foram os mais ricos em carbono orgânico (Quadro 4).

4.1.4 Carbonato de cálcio (CaCO3)

O teor de carbonato de cálcio ($CaCO_3$) variou entre 0,00 e 4,9%, com um valor médio de 0,2% e foi máximo (1,0%) nos solos de Budgam (Quadro 3). Os resultados apresentados no quadro 4 revelam que o teor de carbonato de cálcio era máximo nos solos vegetais e mínimo nos solos de pastagem e de floresta.

4.1.5 Capacidade de permuta catiónica (CEC)

Os resultados apresentados no quadro 3 revelam que a capacidade de troca catiónica (CEC) dos solos variou entre 8,10 e 23,1 cmolc kg^{-1} com uma média de 13,8 cmolc kg^{-1} . Os solos de Bandipora registaram a CEC mais elevada (16,1 cmolc kg^{-1}). Entre as diferentes utilizações do solo, a capacidade de troca catiónica foi mais elevada nos solos florestais (15,8 cmolc kg^{-1}) e mais baixa nos solos cultivados com açafrão (10,2 cmolc kg^{-1}).

4.2 Especiação química dos microelementos nos solos

4.2.1 Especiação química do zinco (Zn)

Os resultados que revelam a análise de especiação de Zn em solos de nove distritos estão presentes no Quadro 5 e sob diferentes usos do solo estão presentes no Quadro 6.

4.2.1.1 Zn solúvel em água

Os resultados relativos ao Zn solúvel em água obtidos a partir da extração sequencial dos distritos seleccionados dos Himalaias de Caxemira são apresentados no Quadro 5 e na Fig. 1a. Os resultados revelam que esta fração variou de 0,00 a 4,10 mg kg^{-1} com um valor médio de 0,79 mg kg^{-1} . Esta fração contribuiu com 0,2% para Kupwara, 0,48% para Baramula, 0,16% para Bandipora, 0,21% para Ganderbal, 0,87% para Budgam, 1,20% para Pulwama, 2,04% para Kulgam, 2,35% para Anantnag

Quadro 5:   **Especiação química do zinco (mg kg^1) nos solos dos Himalaias de Caxemira**

District		Water soluble	Exchangeable	Carbonate bound	Oxide bound	Organic bound	Residual	Total
	Range	0.00-0.56	1.11-2.46	1.48-2.55	4.25-8.30	3.35-7.91	35.50-71.07	51.72-84.85
Kupwara	Mean	0.14	1.64	2.06	6.35	4.51	55.87	70.57
	%age	0.20	2.08	2.99	9.01	6.54	79.18	-
	Range	0.00-1.50	0.53-3.34	1.21-2.86	2.39-6.81	2.11-5.99	59.27-83.07	71.28-96.82
Baramula	Mean	0.39	1.59	1.84	4.94	3.54	69.78	80.08
	%age	0.48	1.98	2.29	6.13	4.30	85.7	-
	Range	0.00- 0.36	0.57-1.56	1.33-1.96	3.22-10.35	3.31-5.19	63.62-79.72	76.62-89.17
Bandipora	Mean	0.13	0.95	1.64	5.46	4.30	70.06	84.53
	%age	0.16	1.14	1.96	6.53	5.12	85.09	-
	Range	0.00-1.03	0.53-2.89	0.60-2.98	2.31-11.82	3.11-7.51	49.82-78.67	65.76-88.37
Ganderbal	Mean	0.17	1.46	1.77	6.16	4.64	65.49	79.69
	%age	0.21	1.83	2.22	7.73	5.82	82.19	-
	Range	0.10-2.16	0.16-3.30	0.16-7.86	3.32-10.02	3.00-9.07	60.50-83.00	75.69-101.04
Budgam	Mean	0.76	1.77	2.30	6.37	6.62	69.47	87.29
	%age	0.87	2.03	2.63	7.30	7.58	79.59	-

Contd…..

Quadro 5 Cont...

	Range	0.10-2.10	0.10-1.18	0.52-3.62
Pulwama	Mean	0.93	0.65	1.78
	%age	1.20	0.84	2.30
	Range	1.10-2.16	2.10-2.64	0.10-0.60
Kulgam	Mean	1.63	2.37	0.35
	%age	2.04	2.97	0.44
	Range	0.18-4.10	1.54-4.18	0.20-2.36
Anantnag	Mean	1.94	2.68	1.05
	%age	2.35	3.25	1.27
	Range	0.10-2.10	1.16-1.32	1.52-2.47
Shopian	Mean	1.10	1.24	2.00
	%age	1.49	1.68	2.41
	Range	0.0-4.10	0.10-4.18	0.10-7.86
Range	Mean	0.79	1.59	1.64
	%age	1.00	2.01	2.07
SD		0.00	0.64	0.59

0,0 = Abaixo do limite de deteção

3.74-6.10	4.62-9.49	52.85-77.40	70.27-92.41
4.74	6.92	62.99	78.01
6.13	8.12	81.41	-
9.08-13.30	6.23-7.15	59.25-60.60	78.90-85.41
11.19	6.69	59.93	82.16
14.02	7.42	73.11	-
5.86-9.72	6.13-9.59	57.35-72.00	75.90-91.10
7.84	7.97	63.74	85.22
9.50	9.66	73.96	-
6.56-7.54	3.06-5.77	53.55-64.80	68.93-81.02
7.05	4.42	59.18	74.99
9.56	5.31	79.25	-
2.31-13.30	2.11-9.59	35.50-83.07	51.72-101.04
6.68	5.52	64.27	80.49
8.42	6.42	80.08	-
1.96	1.53	5.42	5.44

Quadro 6: **Especiação química do zinco (mg kg^1) em solos sob diferentes usos do solo nos Himalaias de Caxemira**

Land use		Water soluble	Exchangeable	Carbonate bound	Oxide bound	Organic bound	Residual	Total
Cereals	Mean	0.41	1.36	1.75	5.88	4.90	67.20	81.53
	%age	0.53	1.67	2.18	7.27	6.07	82.27	-
Apple	Mean	0.89	1.77	1.51	6.43	5.10	61.13	76.82
	%age	1.16	2.30	1.97	8.37	6.63	79.57	-
Vegetables	Mean	0.49	1.42	2.33	6.83	6.30	69.76	87.14
	%age	0.56	1.63	2.68	7.84	7.23	80.00	-
Saffron	Mean	0.33	0.94	2.81	4.41	4.93	61.78	74.99
	%age	0.44	1.25	3.75	5.88	6.30	82.38	-
Forest	Mean	3.25	2.49	0.53	6.66	7.86	61.80	82.59
	%age	3.94	3.01	0.64	8.06	9.51	74.83	-
Pasture	Mean	1.08	4.18	0.76	9.72	9.45	59.35	84.54
	%age	1.28	4.94	0.90	11.50	11.18	70.21	-

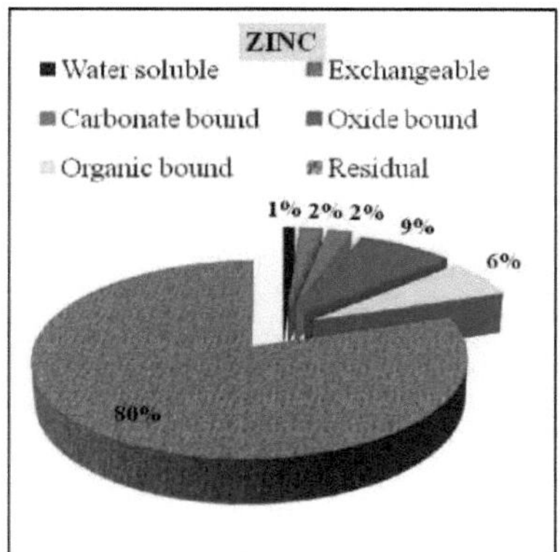

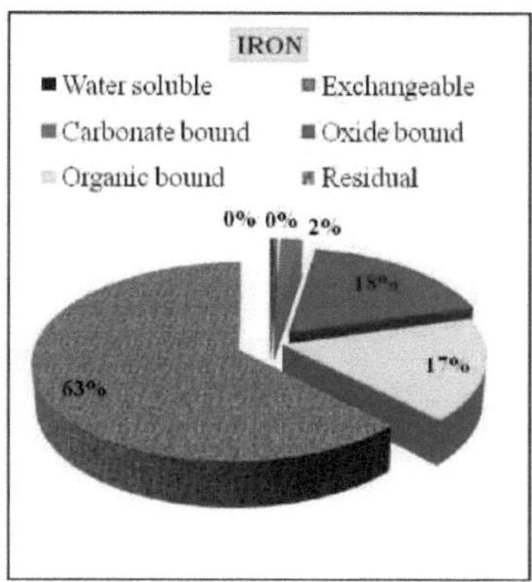

Fig. 1a : Distribuição percentual das fracções de zinco

Fig. 1b: Distribuição percentual das fracções de ferro

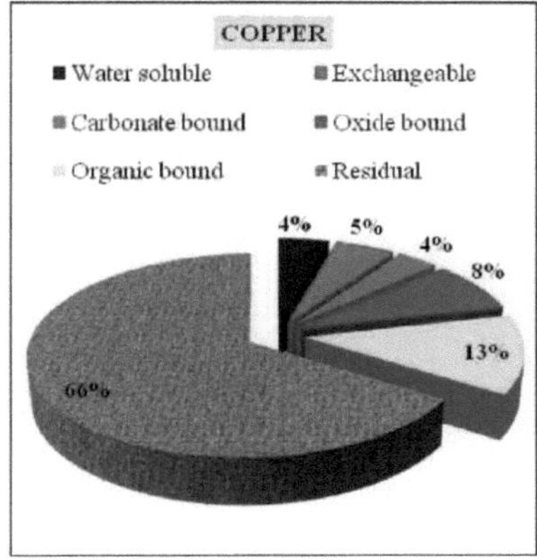

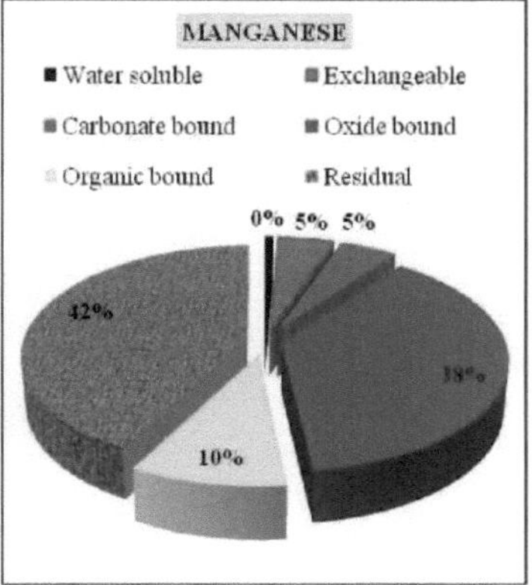

Fig. 1c: Distribuição percentual das fracções de cobre

Fig. 1d : Distribuição percentual das fracções de manganês

Fig. 1   : Distribuição percentual das fracções de microelementos nos solos de diferentes distritos dos Himalaias de Caxemira

Contd ....

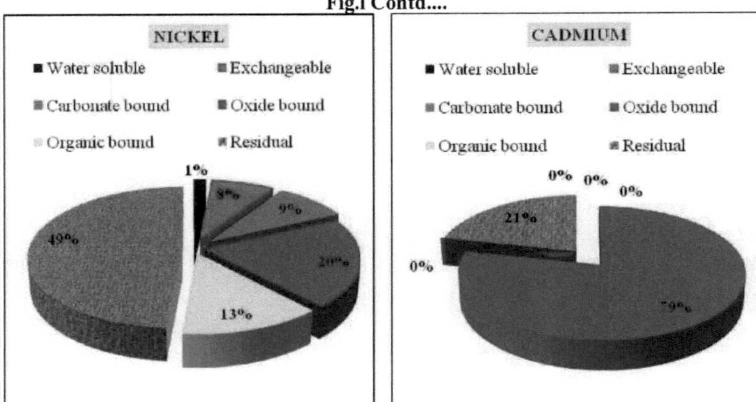

Fig. 1e : Distribuição percentual das fracções de níquel
Fig. 1f : Distribuição percentual das fracções de cádmio

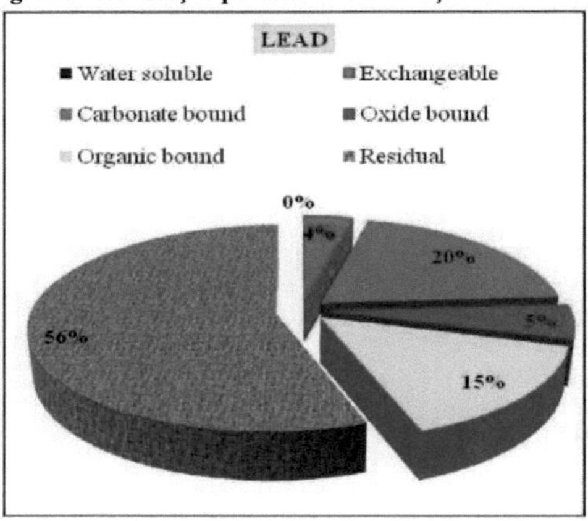

Fig. 1g: Distribuição percentual das fracções de chumbo

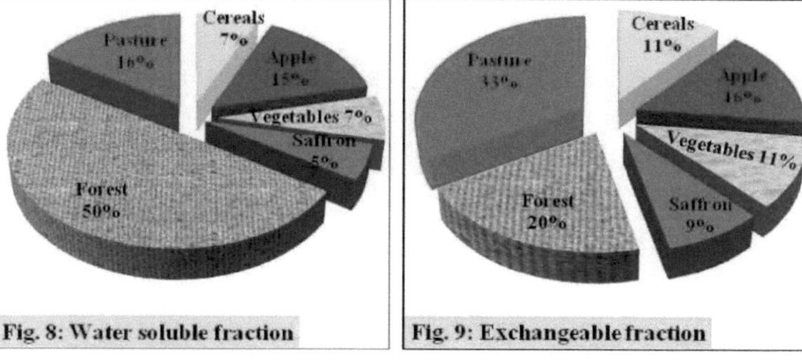

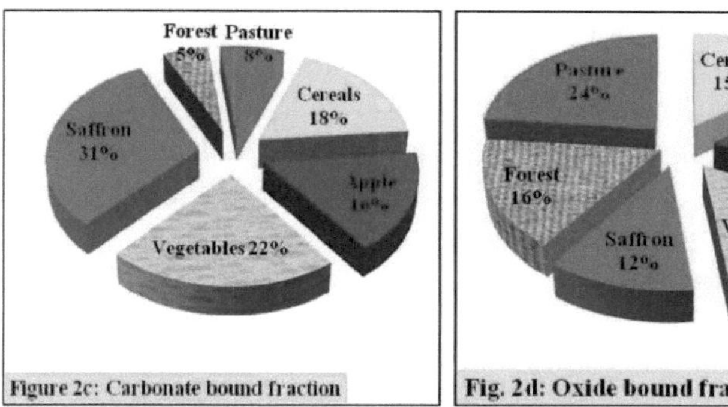

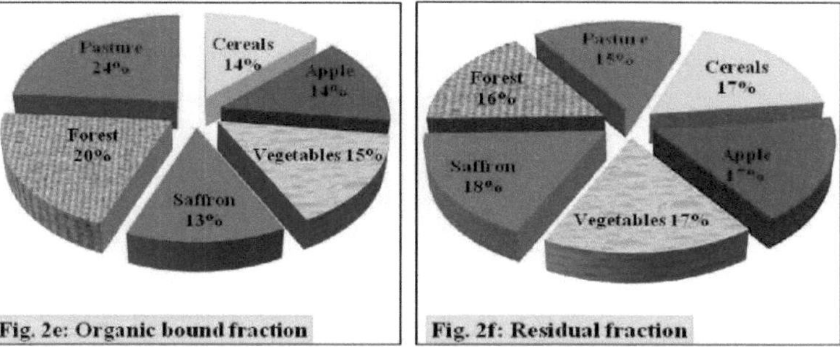

Fig. 2 : Distribuição percentual das fracções de zinco (Zn) nos solos sob diferentes usos do solo dos Himalaias de Caxemira

e 1,49% para os solos de Shopian da soma total de todas as fracções, com uma média global de 1,00%. O Zn solúvel em água foi mais abundante (1,94 mg kg⁻¹) nos solos de Anantnag e escasso (0,13 mg kg⁻¹) nos solos de Bandipora. Os dados apresentados no Quadro 6 e na Fig. 2a indicam que o Zn associado à fração solúvel em água foi mais elevado nos solos florestais (3,94%) e mais baixo nos solos de açafrão (0,44%).

1.1.1.2 Zn permutável

É óbvio a partir dos dados apresentados no Quadro 5 e na Fig. 1a que o Zn permutável variou entre 0,10 e 4,18 mg kg⁻¹ com um valor médio de 1,59 mg kg⁻¹ constituindo 3,25, 2,97, 1,68, 0,84, 2,03, 1,98, 0.21, 2,08 e 1,14% da soma total de todas as fracções nos solos de Anantnag, Kulgam, Shopian, Pulwama, Budgam, Baramula, Ganderbal, Kupwara e Bandipora, respetivamente, com uma média global de 2,01%. O teor mais elevado de Zn permutável foi observado nos solos do distrito de Anantnag (2,68 mg kg⁻¹) e o mais baixo (0,65 mg kg⁻¹) nos solos de Pulwama. Entre as diferentes utilizações do solo (Quadro 6 e Fig. 2b), a proporção de Zn associada à fração permutável foi mais elevada nos solos de pastagem (4,94%) e mais baixa nos solos cultivados com açafrão (1,25%)

1.1.1.3 Zn ligado a carbonatos

Um exame dos dados (Quadro 5 e Fig. 1a) revela que o Zn ligado ao carbonato variava entre 0,10 e 7,86 mg kg⁻¹ com um valor médio de 1,64 mg kg⁻¹. Este teor geoquímico fracionário foi de 2,99% para Kupwara, 2,29% para Baramula, 1,96% para Bandipora, 2,22% para Ganderbal, 2,63% para Budgam, 2,30% para Pulwama, 0,44% para Kulgam, 1,27% para Anantnag e 2,41% para os solos de Shopian, em relação à soma total, com uma média global de 2,07%. Os solos de Kupwara apresentaram o teor de Zn ligado ao carbonato mais elevado (2,06 mg kg⁻¹) e os de Kulgam o mais baixo (0,35 mg kg⁻¹). Os resultados do Quadro 6 e da Fig. 2c indicam que a quantidade de Zn associada à fração ligada ao carbonato foi mais elevada (3,75%) nos solos de açafrão e mais baixa (0,64%) nos solos florestais.

1.1.1.4 Zn ligado a óxido

Um olhar sobre os resultados apresentados no Quadro 5 e na Fig. 1a revela que o Zn ligado a óxidos variou de 2,31 a 13,30 mg kg⁻¹ com um valor médio de 6,68 mg kg⁻¹. A proporção desta fração constituiu 14,02, 9,56, 9,50, 9,01, 7,73, 7,30, 6,53, 6,13 e 6,13% para Kulgam, Shopian, Anantnag, Kupwara, Ganderbal, Budgam, Bandipora, Baramula e Pulwama da soma total com um valor médio de 8,42%. O Zn ligado a óxidos foi mais elevado nos solos de Kulgam (11,19 mg kg⁻¹), seguido de Anantnag (7,84 mg kg⁻¹), Shopian (7,05 mg kg⁻¹), Budgam (6.37 mg kg⁻¹), Kupwara (6,35 mg kg⁻¹), Ganderbal (6,16 mg kg⁻¹), Bandipora (5,46 mg kg⁻¹), Baramula (4,94 mg kg⁻¹) e Pulwama (4,74 mg kg⁻¹). A percentagem mais elevada de Zn ligado a óxidos foi registada em solos de pastagem (11,50%) e a mais baixa em solos cultivados com açafrão (5,88%) (Quadro 6 e Fig. 2d).

1.1.1.5 Zn ligado a orgânicos

Os resultados apresentados no Quadro 5 e na Fig. 1a revelam que a quantidade de Zn na fração de ligação orgânica variou entre 2,11 e 9,59 mg kg^{-1} com uma média de 5,52 mg kg^{-1}. Os solos de Kupwara representaram 6,54%, Baramula 4,30%, Bandipora 5,12%, Ganderbal 5,82%, Budgam 7,58%, Pulwama 8,12%, Kulgam 7,42%, Anantnag 9,66% e Shopian 5,31% do Zn total, com uma média global de 6,42%. O Zn de ligação orgânica foi mais elevado (7,97 mg kg^{-1}) em Anantnag e mais baixo (3,54 mg kg^{-1}) nos solos de Baramula. Sob diferentes usos da terra (Tabela 6, Fig. 2e), foi mais alto em solos de pastagem (11,18%) e mais baixo em solos de cereais (6,07%).

1.1.1.6 Zn residual

Como se pode observar no Quadro 5 e na Fig. 1a, a concentração de Zn residual variou entre 35,50 e 83,07 mg kg^{-1} com um valor médio de 64,27 mg kg^{-1}. A contribuição desta fração para o Zn total foi de 79,18% para Kupwara, 85,70% para Baramula, 85,09% para Bandipora, 82,19% para Ganderbal, 79,59% para Budgam, 81,41% para Pulwama, 73,11% para Kulgam, 73,96% para Anantnag e 79,25% para Shopian, com uma média global de 80,08%. A proporção recuperada na fração residual de Zn foi máxima (70,06 mg kg^{-1}) em Bandipora e mínima (55,87 mg kg^{-1}) nos solos de Kupwara. A contribuição da fração residual (Quadro 6, Fig. 2f) foi mais elevada nos solos de açafrão (82,38%) e mais baixa nos solos de pastagem (70,21%).

4.2.2 Especiação química do ferro (Fe)

4.2.2.1 Fe solúvel em água

Com base nos dados do Quadro 7 e da Fig. 1b, verifica-se que o Fe solúvel em água varia de 0,00 a 19,92 mg kg^{-1} com um valor médio de 8,24 mg kg^{-1}. Esta fração compreende 0,26% em Kupwara, 0,09% em Baramula, 0,13% em Bandipora, 0,10% em Ganderbal, 0,41% em Budgam, 0,42% em Pulwama, 0,89% em Kulgam, 0,71% em Anantnag e 0,49% em Shopian, com uma média global de 0,38%. O Fe solúvel em água foi mais elevado (18,51 mg kg^{-1}) nos solos do distrito de Kulgam e mais baixo (2,01 mg kg^{-1}) nos solos de Baramula. Entre as diferentes utilizações do solo (Quadro 8, Fig. 3a), a proporção de Fe associado à fração solúvel em água foi mais elevada nos solos florestais (0,82%) e mais baixa nos solos cultivados com cereais (0,17%).

4.2.2.2 Fe permutável

Conforme apresentado no Quadro 7 e na Fig. 1b, a fração permutável de Fe variou de 0,00 a 20,50 mg kg^{-1} com um valor médio de 5,87 mg kg^{-1}. O Fe obtido nesta fração constitui 0,18, 0,09, 0,15, 0,14, 0,37, 0,21, 0,45, 0,39 e 0,50% do Fe total para os solos de Kupwara, Baramula, Bandipora, Ganderbal, Budgam, Pulwama, Kulgam, Anantnag e Shopian, respetivamente, com uma média de 0,27%. Os resultados também revelaram que os solos de Shopian tinham o teor mais elevado (10,00 mg kg^{-1}) e os solos de Baramula o mais baixo (1,91 mg kg^{-1}) de Fe permutável. Entre as diferentes utilizações do solo, o Fe na fração permutável foi mais elevado nos solos florestais (0,65%) e mais baixo nos solos cultivados com açafrão (0,17%) (Quadro 8 e Fig. 3b).

4.2.2.3 Fe ligado a carbonatos

O resultado do Quadro 7 e da Fig. 1b mostra que o Fe ligado ao carbonato se situa entre 0,00 e 99,46 mg kg^{-1} com um valor médio de 42,57 mg kg^{-1} . Os padrões de distribuição do Fe nestas fracções indicam que esta fração constitui 0,93% para Kupwara, 0,55% para Baramula, 0,38% para Bandipora, 0,20% para Ganderbal, 2,84% para Budgam, 2,41% para Pulwama, 4,14% para Kulgam, 2,73%

Quadro 7:   **Especiação química do ferro (mg kg^{1}) nos solos dos Himalaias de Caxemira**

District		Water soluble	Exchangeable	Carbonate bound	Oxide bound	Organic bound	Residual	Total
	Range	1.13-15.46	2.56-4.80	2.60-74.20	308.7-447.4	275.4-498.0	908.5-1782.4	1777.2-2521.5
Kupwara	Mean	5.87	4.09	21.46	407.5	346.0	1517.2	2301.92
	%age	0.26	0.18	0.93	17.70	15.03	65.90	-
	Range	0.33-4.33	0.00-3.57	1.00-37.26	231.6-442.5	122.5-433.8	1088.2-1716.3	2527.2-2708.4
Baramula	Mean	2.01	1.91	11.68	364.3	270.8	1474.1	2124.70
	%age	0.09	0.09	0.55	17.14	12.74	69.39	-
	Range	1.01-7.04	1.88-5.19	2.60-16.34	349.6-438.2	358.3-496.3	1452.1-1764.4	2240.0-2709.1
Bandipora	Mean	3.36	3.66	9.54	403.6	432.4	1654.2	2506.56
	%age	0.13	0.15	0.38	16.10	17.25	65.99	-
	Range	0.00-5.66	1.68-7.07	0.00-18.01	320.4-469.9	264.0-508.4	1441.6-1799.3	2240.4-2656.3
Ganderbal	Mean	2.38	3.38	4.83	406.6	363.4	1660.3	2440.59
	%age	0.10	0.14	0.20	16.66	14.89	68.01	-
	Range	1.99-15.08	0.80-20.50	17.40-99.12	304.5-468.7	308.9-570.2	878.0-1522.4	1513.2-2514.2
Budgam	Mean	8.68	7.85	59.55	368.5	430.8	1220.4	2095.38
	%age	0.41	0.37	2.84	17.50	20.56	58.23	-

Contd.....

Quadro 7 Contd .

District		Water soluble	Exchangeable	Carbonate bound	Oxide bound	Organic bound	Residual	Total
	Range	4.60-11.96	0.80-67.00	8.90-99.46	233.5-476.3	142.8-334.7	1143.0-1364.4	1718.6-2215.4
Pulwama	Mean	8.14	4.01	46.80	359.9	257.4	1266.4	1942.25
	%age	0.42	0.21	2.41	18.53	13.25	65.19	-
	Range	17.10-19.92	2.10-16.68	83.80-87.56	296.8-473.5	323.7-438.8	976.0-1404.7	1832.3-2308.0
Kulgam	Mean	18.51	9.39	85.71	385.1	381.3	1190.8	2070.01
	%age	0.89	0.45	4.14	18.61	18.42	57.49	-
	Range	8.90-18.32	2.10-14.68	36.60-77.26	299.9-420.1	308.6-542.5	1094.2-1374.7	2012.0-2396.3
Anantnag	Mean	15.44	8.53	59.22	361.9	434.0	1286.4	2165.59
	%age	0.71	0.39	2.73	16.71	20.60	59.39	-
	Range	7.70-11.76	8.60-11.40	81.90-86.76	435.9-470.3	334.5-545.3	792.0-1202.6	1660.2-2327.0
Shopian	Mean	9.74	10.00	84.36	453.1	439.9	997.0	1994.10
	%age	0.49	0.50	4.23	22.72	22.06	50.0	-
	Range	0.00-19.92	0.00-20.50	0.00-99.46	231.6-476.3	122.5-570.2	792.0-1799.3	1513.2-2709.1
Range	Mean	8.24	5.87	42.57	390.1	372.9	1363.5	2182.58
	%age	0.38	0.27	1.95	17.87	17.09	62.44	-
SD		5.73	3.04	31.83	30.80	70.56	226.00	194.45

0.0 = Below detection limit

Quadro 8: Especiação química do ferro (mg kg^1) em solos sob diferentes usos do solo nos Himalaias de Caxemira

Land use		Water soluble	Exchangeable	Carbonate bound	Oxide bound	Organic bound	Residual	Total
Cereals	Mean	4.00	4.42	20.76	383.61	348.30	1535	2296
	%age	0.17	0.20	0.93	16.69	15.40	66.61	-
Apple	Mean	9.01	4.48	57.23	415.5	341.5	1195	2023
	%age	0.45	0.22	2.83	20.54	16.88	59.09	-
Vegetables	Mean	8.66	6.04	42.40	375.1	433.9	1295	2161
	%age	0.40	0.28	1.96	17.35	20.07	59.93	-
Saffron	Mean	9.11	3.32	28.49	306.7	233.8	1323	1904
	%age	0.48	0.17	1.50	16.10	12.28	69.47	-
Forest	Mean	17.44	13.93	61.47	357.2	443.5	1234	2128
	%age	0.82	0.65	2.89	16.79	20.85	58.00	-
Pasture	Mean	17.88	4.12	77.26	420.1	542.6	1335	2397
	%age	0.75	0.17	3.22	17.53	22.64	55.70	-

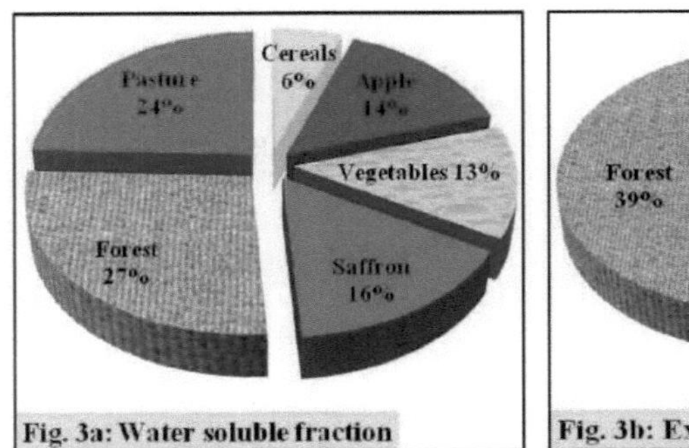

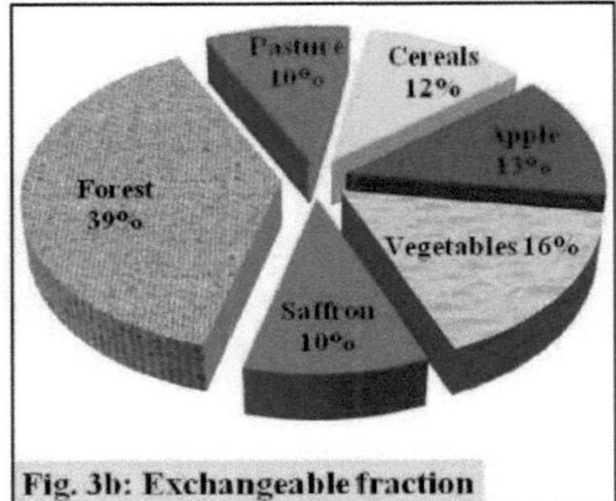

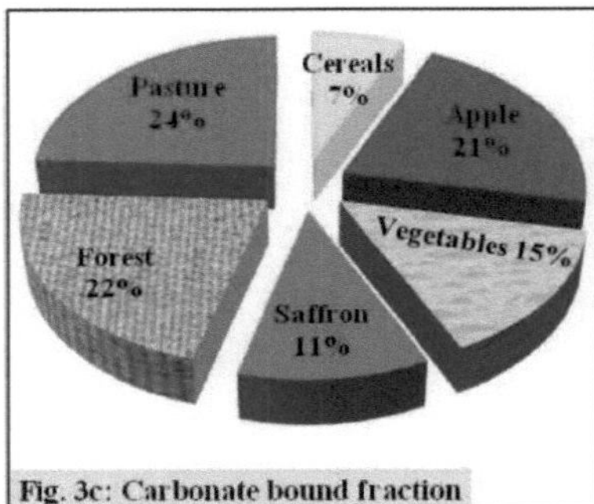

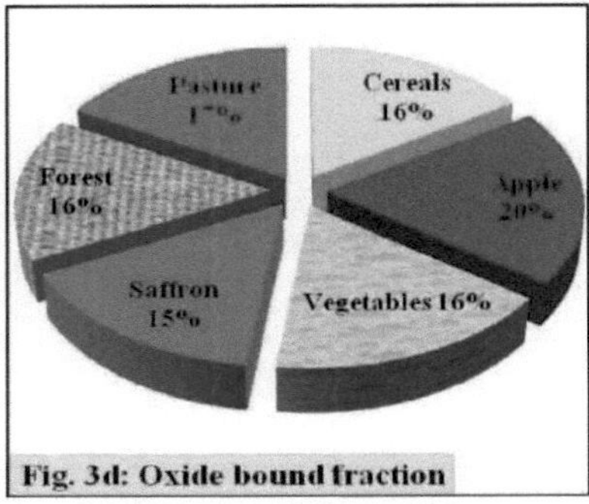

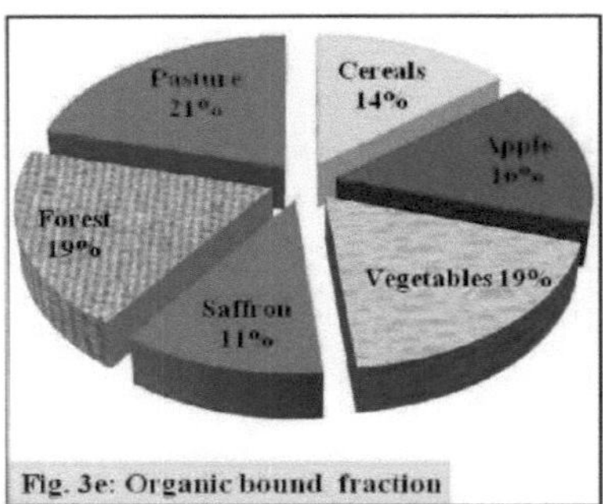

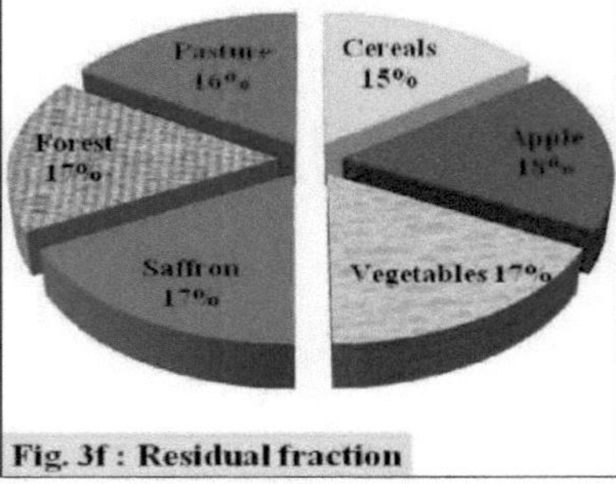

Fig. 3 : Distribuição percentual das fracções de ferro (Fe) nos solos sob diferentes usos da terra nos Himalaias de Caxemira

para Anantnag e 4,23% para Shopian do Fe total, com uma média global de 1,95%. O teor de Fe ligado a carbonatos foi mais elevado em Kulgam (85,71 mg kg^{-1}), seguido de Shopian (84,36 mg kg^{-1}), Budgam (59,55 mg kg^{-1}), Anantnag (59.22 mg kg^{-1}), Pulwama (46,80 mg kg^{-1}), Kupwara (21,46 mg kg^{-1}), Baramula (11,68 mg kg^{-1}), Bandipora (9,54 mg kg^{-1}) e Ganderbal (4,83 mg kg^{-1}). A percentagem de Fe associado à fração ligada ao carbonato foi mais elevada nos solos de pastagem (3,22%) e mais baixa nos solos de cereais (0,93%) (Quadro 8 e Fig. 3c).

4.2.2.4 Fe ligado a óxidos

Os resultados da especiação de microelementos, apresentados no Quadro 7 e na Fig. 1b, revelam que o Fe ligado a óxidos variou entre 231,6 e 476,3 mg kg^{-1} com um valor médio de 390,1 mg kg^{-1}. Os solos de Kupwara, Baramula, Bandipora, Ganderbal, Budgam, Pulwama, Kulgam, Anantnag e Shopian constituíram 17,70, 17,14, 16,10, 16,66, 17,50, 18,53, 18,61, 16,71 e 22,72% do Fe total, com uma média global de 17,87%. O maior influxo de Fe na fração ligada a óxidos foi encontrado nos solos de Shopian (453,10 mg kg^{-1}) e o menor nos solos de Baramula (364,31 mg kg^{-1}). Considerando as diferentes utilizações do solo (Quadro 8 e Fig. 3d), esta fração foi mais elevada nos solos de pomares de macieiras (20,54%) e mais baixa nos solos cultivados com açafrão (16,10%).

4.2.2.5 Fe ligado a orgânicos

Uma leitura dos resultados apresentados no Quadro 7 e representados na Fig. 1b revela que o Fe de ligação orgânica variou de 122,5 a 570,2 mg kg^{-1} com um valor médio de 372,9 mg kg^{-1}. Do total de Fe, esta fração contribuiu com 15,03% para Kupwara, 12,74% para Baramula, 17,25% para Bandipora, 14,89% para Ganderbal, 20,56% para Budgam, 13,25% para Pulwama, 18,42% para Kulgam, 20,60% para Anantnag e 22,06% para os solos de Shopian, com um valor médio de 17,09%. O Fe de ligação orgânica foi máximo (439,9 mg kg^{-1}) nos solos de Shopian e mínimo (270,8 mg kg^{-1}) nos solos de Baramula. A partir do Quadro 8 e da Fig. 3e, revela-se que a percentagem desta fração de Fe foi mais elevada em solos de pastagem (22,64%), seguidos de floresta (20,85%), vegetais (20,07%), maçã (16,88%), cereais (15,40%) e solos de açafrão (12,28%).

4.2.2.6 Fe residual

No presente estudo, verificou-se que o Fe estava sobretudo associado à fração residual (Quadro 7 e Fig. 1b) e variava entre 792,0 e 1799,3 mg kg^{-1} com um valor médio de 1362 mg kg^{-1}. Este teor geoquímico fracionário foi de 65,90% para Kupwara, 69,39% para Baramula, 65,99% para Bandipora, 68,01% para Ganderbal, 58,23% para Budgam, 65,19% para Pulwama, 57,49% para Kulgam, 59,39% para Anantnag e 50,00% para Shopian do Fe total, com uma média global de 62,44%. O Fe residual foi mais elevado (1660,3 mg kg^{-1}) nos solos de Ganderbal e mais baixo (997,00 mg kg^{-1}) nos solos de Shopian. Entre as diferentes utilizações do solo (Quadro 8 e Fig. 3f), a percentagem de Fe associado à fração residual foi máxima nos solos cultivados com açafrão (69,47%) e mais baixa nos solos de pastagem (55,70%).

4.2.3 Especiação química do cobre (Cu)

4.2.3.1 Cu solúvel em água

Como se pode observar no Quadro 9 e na Fig. 1c, a concentração de Cu solúvel em água variou entre 0,82 e 3,20 mg kg^{-1} com um valor médio de 1,91 mg kg^{-1}. A contribuição desta fração foi de 5,42% para Kupwara, 3,97% para Baramula, 6,52% para Bandipora, 6,37% para Ganderbal, 3,37% para Budgam, 2,92% para Pulwama, 4,19% para Kulgam, 4,20% para Anantnag e 5,09% para os solos de Shopian do total de Cu, com uma média global de 4,35%. O valor mais elevado de Cu solúvel em água registou-se nos solos de Shopian (2,49 mg kg^{-1}) e o mais baixo (1,45 mg kg^{-1}) nos solos de Baramula. A proporção recuperada de Cu solúvel em água nesta fração foi máxima nos solos de cereais (5,33%) e mais baixa nos solos de açafrão (2,71%) (Quadro 10 e Fig. 4a).

4.2.3.2 Cu permutável

Para os diferentes locais (Quadro 9 e Fig. 1c), o teor de Cu permutável variou entre 0,50 e 4,04 mg kg^{-1} com um valor médio de 2,25 mg kg^{-1}. Este teor geoquímico fraccionado foi de 4,84% para Kupwara, 5,55% para Baramula, 7,59% para Bandipora, 7,04% para Ganderbal, 5,19% para Budgam, 3,21% para Pulwama, 6,26% para Kulgam, 4,82% para Anantnag e 4,43% para os solos de Shopian

Quadro 9: **Especiação química do cobre (mgkg^{1}) nos solos dos Himalaias de Caxemira**

District		Water soluble	Exchangeable	Carbonate bound	Oxide bound	Organic bound	Residual	Total
	Range	1.38-2.20	1.24-2.04	1.24-3.06	1.11-4.90	5.35-7.85	9.63-38.65	22.43-56.00
Kupwara	Mean	1.84	1.65	1.90	2.98	6.48	19.15	34.00
	%age	5.42	4.84	5.59	8.75	19.06	56.33	-
	Range	1.11-1.78	1.11-3.54	0.86-1.65	1.11-7.26	2.47-7.21	10.05-50.65	19.00-70.02
Baramula	Mean	1.45	2.02	1.31	2.73	4.54	24.34	36.39
	%age	3.97	5.55	3.60	7.51	12.48	66.89	-
	Range	1.24-1.95	1.65-2.51	1.24-1.82	1.11-2.34	1.78-4.53	13.25-17.35	23.37-28.69
Bandipora	Mean	1.70	1.98	1.50	1.63	3.60	15.72	26.13
	%age	6.52	7.59	5.72	6.22	13.77	60.18	-
	Range	1.11-1.65	1.38-2.05	1.11-1.38	1.11-2.20	3.43-5.89	8.70-17.35	19.63-29.03
Ganderbal	Mean	1.48	1.63	1.20	1.48	4.66	12.73	23.18
	%age	6.37	7.04	5.19	6.38	20.12	54.91	-
	Range	1.08-3.00	2.20-3.72	0.20-3.22	3.56-6.94	4.72-8.75	31.60-48.20	50.36-69.50
Budgam	Mean	2.02	3.11	1.99	4.86	6.77	41.19	59.95
	%age	3.37	5.19	3.31	8.11	11.30	68.72	-

Contd.....

	Range	1.34-2.18	0.50-2.88	1.72-3.06
Pulwama	Mean	1.77	1.95	2.46
	%age	2.92	3.21	4.04
	Range	1.50-2.56	2.02-4.04	1.04-2.06
Kulgam	Mean	2.03	3.03	1.55
	%age	4.19	6.26	3.20
	Range	0.82-3.20	1.18-3.88	0.20-2.56
Anantnag	Mean	2.39	2.74	1.25
	%age	4.20	4.82	2.20
	Range	2.30-2.68	2.02-2.32	0.70-1.22
Shopian	Mean	2.49	2.17	0.96
	%age	5.09	4.43	1.96
	Range	0.82-3.20	0.50-4.04	0.20-3.22
Range	Mean	1.91	2.25	1.57
	%age	4.35	5.14	3.58
SD		0.36	0.57	0.47

4.90-7.60	5.35-7.50	34.95-51.10	53.50-68.75
5.75	6.47	42.39	60.79
9.46	10.64	69.74	-
4.06-4.40	4.72-5.98	31.60-32.85	46.30-50.53
4.23	5.36	32.23	48.43
8.74	11.06	66.55	-
3.38-6.26	5.67-8.43	33.70-41.15	52.93-61.81
4.86	6.83	38.76	56.83
8.55	12.01	68.22	-
4.06-4.24	4.41-6.58	32.85-34.50	48.81-49.07
4.15	5.50	33.68	48.95
8.48	11.23	68.81	-
1.10-7.60	1.78-8.75	8.70-51.10	19.00-70.02
3.63	5.58	28.91	43.85
8.28	12.72	65.94	-
1.50	1.14	11.27	14.38

Quadro 10:   Especiação química do cobre (mg kg^1) em solos sob diferentes usos do solo nos Himalaias de Caxemira

Land use		Water soluble	Exchangeable	Carbonate bound	Oxide bound	Organic bound	Residual	Total
Cereals	Mean	1.67	1.85	1.49	2.23	5.00	19.19	31.44
	%age	5.33	5.88	4.75	7.10	15.90	61.04	-
Apple	Mean	1.88	2.44	1.84	5.50	5.64	41.55	58.84
	%age	3.19	4.14	3.13	9.34	9.59	70.61	-
Vegetables	Mean	1.81	3.10	1.91	4.17	6.30	37.29	54.58
	%age	3.32	5.67	3.51	7.63	11.54	68.33	-
Saffron	Mean	1.59	1.69	2.14	5.58	7.05	40.73	58.78
	%age	2.71	2.88	3.64	9.49	12.00	69.29	-
Forest	Mean	2.94	2.95	0.36	4.90	7.05	37.43	55.63
	%age	5.29	5.30	0.65	8.81	12.68	67.28	-
Pasture	Mean	2.84	3.88	1.72	6.26	7.21	39.90	61.81
	%age	4.59	6.28	2.78	10.13	11.66	64.55	-

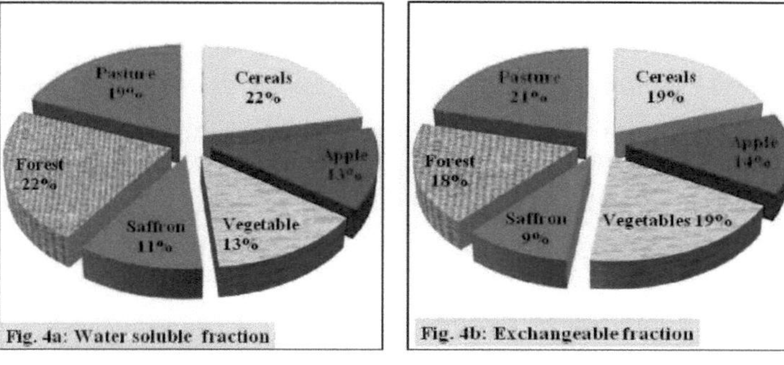

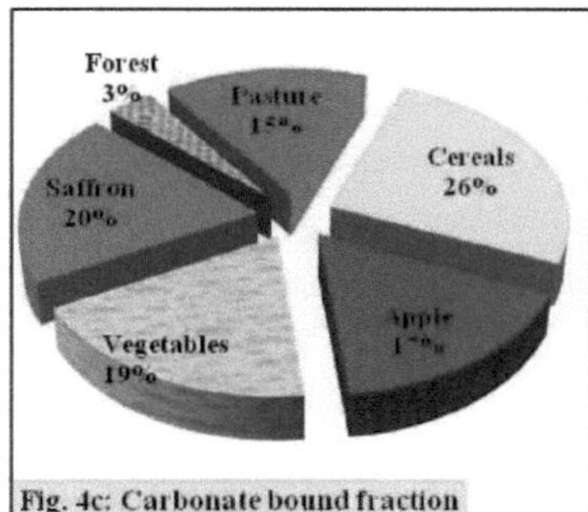

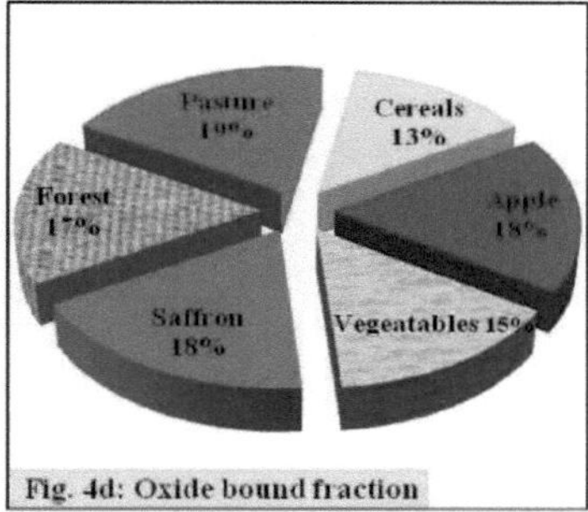

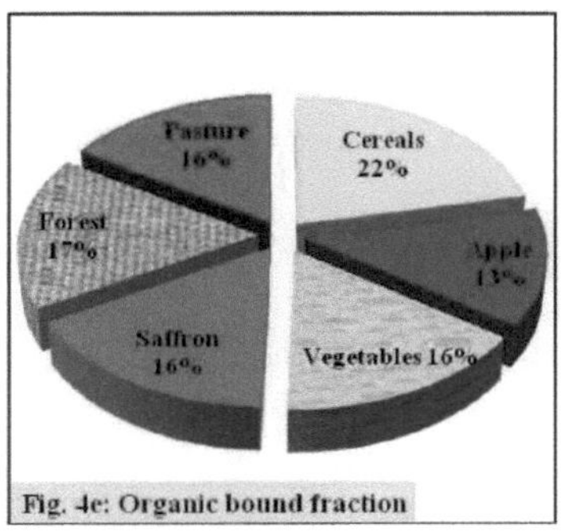

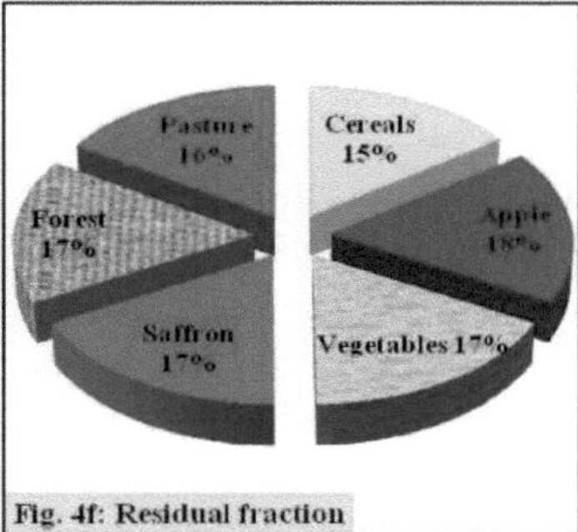

Fig. 4 : Distribuição percentual das fracções de cobre (Cu) nos solos sob diferentes usos da terra nos Himalaias de Caxemira

com uma média global de 5,14%. Os solos de Budgam apresentaram o Cu permutável mais elevado (3,11 mg kg^{-1}) e os de Ganderbal o mais baixo (1,63 mg kg^{-1}). Os resultados do Quadro 10 e da Fig. 4b indicam que a percentagem de Cu associada à fração permutável foi mais elevada nos solos de pastagem (6,28%) e mais baixa nos solos de açafrão (2,88%).

4.2.3.3 Cu ligado a carbonatos

Um olhar sobre os resultados apresentados no Quadro 9 e na Fig. 1c revela que o Cu ligado ao carbonato variou de 0,20 a 3,22 mg kg^{-1} com um valor médio de 1,57 mg kg^{-1} . A proporção desta fração constituiu 5,59, 3,60, 5,72, 5,19, 3,31, 4,04, 3,20, 2,20 e 1,96 para os solos de Kupwara, Baramula, Bandipora, Ganderbal, Budgam, Pulwama, Kulgam, Anantnag e Shopian, respetivamente, da soma total, com uma média global de 3,58%. Esta fração foi máxima nos solos de Pulwama (2,46 mg kg^{-1}) e mínima nos solos de Shopian (0,96 mg kg^{-1}). A percentagem mais elevada de Cu ligado a carbonatos foi registada em solos cultivados com cereais (4,75%) e a mais baixa em solos florestais (0,65%) (Quadro 10 e Fig. 4c). **4.2.3.4 Cu ligado a óxidos**

Os resultados relativos ao Cu ligado a óxidos obtidos a partir da extração sequencial dos distritos seleccionados dos Himalaias de Caxemira são apresentados no Quadro 9 e na Fig. 1c. Os resultados revelam que esta fração variou de 1,10 a 7,60 mg kg^{-1} com um valor médio de 3,63 mg kg^{-1} . Esta fração contribuiu com 8,75% do Cu total para Kupwara, 7,51% para Baramula, 6,22% para Bandipora, 6,38% para Ganderbal, 8,11% para Budgam, 9,46% para Pulwama, 8,74% para Kulgam, 8,55% para Anantnag e 8,48% para Shopian, com uma média global de 8,28%. O Cu ligado a óxidos foi mais abundante (5,75 mg kg^{-1}) nos solos do distrito de Pulwama e escasso (1,48 mg kg^{-1}) nos solos de Ganderbal. Os dados apresentados no Quadro 10 e na Fig. 4d indicam que o Cu associado à fração ligada a óxidos foi mais elevado nos solos de pastagem (10,13%) e mais baixo nos solos de cereais (7,10%).

4.2.3.5 Cu ligado a orgânicos

Os dados apresentados no Quadro 9 e na Fig. 1c revelam que o Cu orgânico variou entre 1,78 e 8,75 mg kg^{-1} com um valor médio de 5,58 mg kg^{-1} . O teor de Cu nesta fração específica entre os diferentes distritos pode ser ordenado numa sequência de 20,12% para Ganderbal, 19,06% para Kupwara, 13,77% para Bandipora, 12,48% para Baramula, 12,01% para Anantnag, 11,30% para Budgam, 11,23% para Shopian, 11,06% para Kulgam e 10,64% para o solo de Pulwama, com uma média global de 12,72%. Os resultados revelaram também que os solos de Anantnag (6,83 mg kg^{-1}) tinham o teor mais elevado de Cu orgânico e o mais baixo em Bandipora (3,60 mg kg^{-1}). Entre as diferentes utilizações do solo (Quadro 10 e Fig. 4e), a percentagem de Cu na fração de ligação orgânica foi mais elevada nos solos de cereais (15,90%) e mais baixa nos solos de pomares de macieiras (9,59%).

4.2.3.6 Cu residual

Com base nos dados da Tabela 9 e da Fig. 1c, verifica-se que o Cu residual variou de 8,70 a 51,10 mg kg^{-1} com um valor médio de 28,91 mg kg^{-1} . A fração residual é a forma predominante de Cu em todas as amostras analisadas. Esta fração compreende 56,33% para Kupwara, 66,89% para Baramula, 60,18% para Bandipora, 54,91% para Ganderbal, 68,72% para

Budgam, 69,74% para Pulwama, 66,55% para Kulgam, 68,22% para Anantnag e 68,81% para os solos de Shopian, com uma média de 65,94%. A proporção recuperada de Cu residual foi mais elevada nos solos de Pulwama (42,39 mg kg^{-1}) e mais baixa nos solos de Ganderbal (12,73 mg kg^{-1}). Entre as diferentes utilizações do solo (Tabela 10 e Fig. 4f), a percentagem de Cu associada à fração residual foi mais elevada nos solos de macieiras (70,61%) e mais baixa nos solos de cereais (61,04%). **4.2.4 Especiação química do manganês (Mn)**

4.2.4.1 Mn solúvel em água

Uma leitura dos resultados apresentados no Quadro 11 e representados na Fig. 1d revela que o Mn solúvel em água variou de 0,00 a 3,42 mg kg^{-1} com um valor médio de 1,19 mg kg^{-1} . Do total de Mn, esta fração contribuiu com 0,82% para Kupwara, 0,18% para Baramula, 0,00% para Bandipora, 0,00% para Ganderbal, 0,55% para Budgam, 0,15% para Pulwama, 0,90% para Kulgam, 0,60% para Anantnag e 3,29% para os solos de Shopian do total de Mn, com uma média global de 0,72%. O Mn solúvel em água foi máximo nos solos de Shopian (2,54 mg kg^{-1}) e foi inferior ao limite de deteção (0,00) no espetrofotómetro de absorção atómica nos solos de Bandipora e Ganderbal. O quadro 12 e a figura 5a revelam que a percentagem desta fração de Mn

Quadro 11:   **Especiação química do manganês (mg kg^1) nos solos dos Himalaias de Caxemira**

District		Water soluble	Exchangeable	Carbonate bound	Oxide bound	Organic bound	Residual	Total
	Range	1.20-2.80	10.50-17.94	5.16-15.82	11.43-167.2	1.64- 45.81	25.30-172.6	209.9-272.0
Kupwara	Mean	2.02	14.02	8.27	74.37	14.24	131.53	244.42
	%age	0.82	5.74	3.38	30.42	5.83	53.81	-
	Range	0.00-2.54	3.09-11.04	4.18-28.80	66.77-246.3	6.40-75.92	81.70-211.1	226.0-435.9
Baramula	Mean	0.58	6.95	11.69	132.92	23.41	148.81	324.35
	%age	0.18	2.14	3.61	40.99	7.22	45.87	-
	Range	0.00	4.05-13.21	7.21-32.92	156.8-199.1	18.16-32.08	170.8-318.8	404.0-567.8
Bandipora	Mean	0.00	9.25	17.87	173.52	25.70	231.20	457.54
	%age	0.00	2.02	3.91	37.93	5.62	50.53	-
	Range	0.00	4.05-21.38	6.25-31.09	31.14-264.4	3.12-25.84	150.6-279.3	240.1-542.8
Ganderbal	Mean	0.00	7.79	16.62	145.65	13.63	202.91	386.59
	%age	0.00	2.01	4.30	37.68	3.53	52.48	-
	Range	0.32-3.42	8.24-16.76	2.44-31.04	24.02-253.3	6.05-67.69	43.55-114.1	108.0-429.0
Budgam	Mean	1.55	12.70	18.64	127.98	38.16	81.17	280.20
	%age	0.55	4.53	6.65	45.67	13.62	28.97	-

Contd.....

Quadro 11 Contd.

Pulwama	Range	0.14-1.26	4.46-8.32	8.94-43.5	51.78-228.5	24.81-53.02	61.00-152.7	160.4-442.6
	Mean	0.44	5.97	31.75	136.00	38.04	93.78	305.98
	%age	0.15	1.95	10.38	44.45	12.43	30.65	-
Kulgam	Range	1.82-2.16	10.28-15.96	0.64-5.36	47.56-113.7	11.17-16.28	102.0-115.0	196.6-245.3
	Mean	1.99	13.12	3.00	80.64	13.73	108.51	220.98
	%age	0.90	5.94	1.36	36.49	6.21	49.10	-
Anantnag	Range	0.16-2.28	3.54-9.30	16.82-23.86	70.44-176.8	10.1-52.64	47.2-84.95	181.8-327.0
	Mean	1.63	7.45	19.22	139.1	36.39	65.98	269.77
	%age	0.60	2.76	7.12	51.57	13.49	24.46	-
Shopian	Range	2.30-2.78	8.60-15.26	0.80-2.80	12.18-13.64	13.44-16.84	22.85-43.15	68.83-85.81
	Mean	2.54	11.93	1.80	12.91	15.14	33.00	77.32
	%age	3.29	15.43	2.33	16.70	19.58	42.68	-
Range	Range	0.00-3.42	3.09-21.38	0.64-32.92	11.43-264.4	1.64-75.92	25.30-318.8	68.83-567.8
	Mean	1.19	9.91	14.32	113.68	24.27	121.90	285.27
	%age	0.72	4.72	4.78	37.99	9.72	42.06	-
SD		0.95	3.05	9.31	48.88	10.84	64.21	106.77

0.00 = Below detection limit

Quadro 12: Especiação química do manganês (mg kg^1) em solos sob diferentes usos do solo nos Himalaias de Caxemira

Land use		Water soluble	Exchangeable	Carbonate bound	Oxide bound	Organic bound	Residual	Total
Cereals	Mean	0.35	8.89	15.96	127.94	17.79	170.56	341.49
	%age	0.10	2.60	4.67	37.47	5.21	49.95	-
Apple	Mean	1.89	10.14	10.01	113.03	37.28	63.03	235.44
	%age	0.80	4.31	4.28	48.01	15.83	26.77	-
Vegetables	Mean	1.68	13.24	15.70	115.52	34.63	106.69	287.47
	%age	0.59	4.61	5.46	40.18	12.05	37.11	-
Saffron	Mean	0.71	6.67	42.69	173.40	40.81	139.10	403.37
	%age	0.18	1.66	10.60	43.07	9.95	34.55	-
Forest	Mean	2.22	5.77	20.85	171.55	31.37	76.43	308.19
	%age	0.72	1.87	6.77	55.66	10.18	24.80	-
Pasture	Mean	1.92	8.94	16.82	142.90	46.40	63.85	280.83
	%age	0.68	3.18	5.99	50.88	16.52	22.74	-

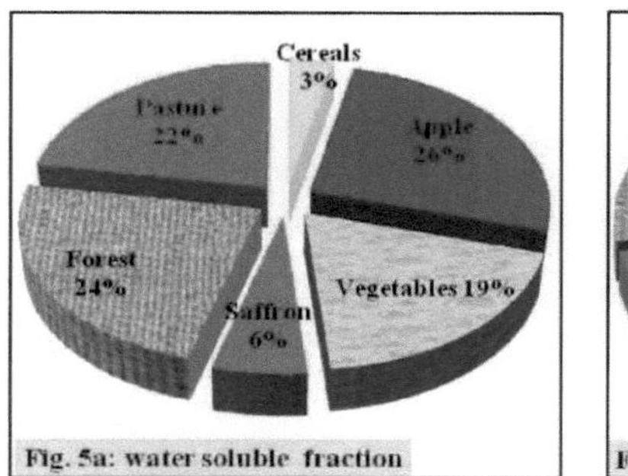

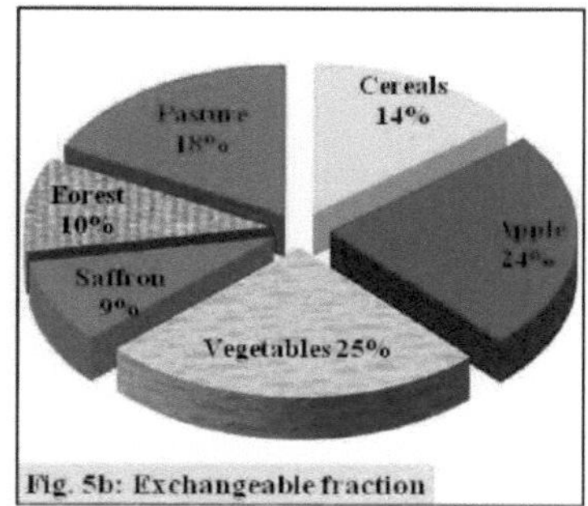

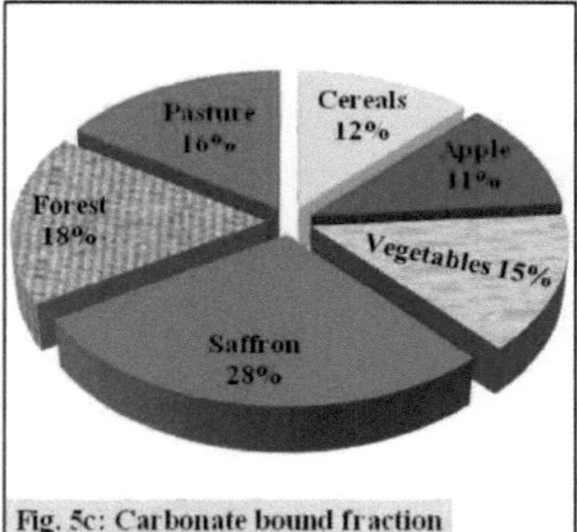

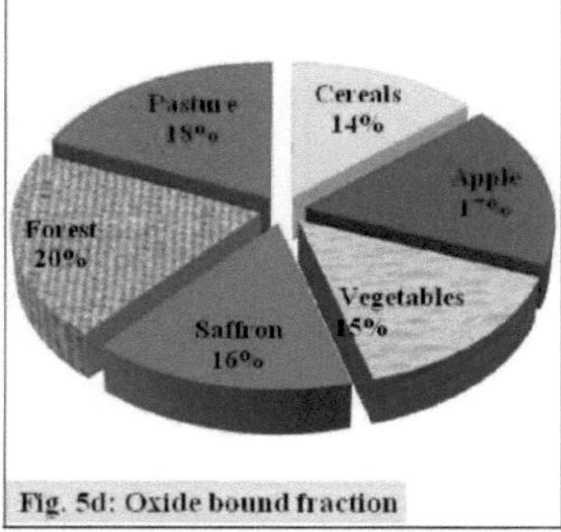

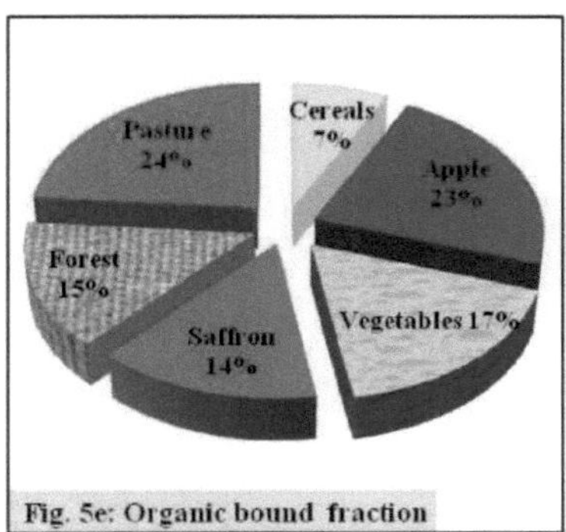

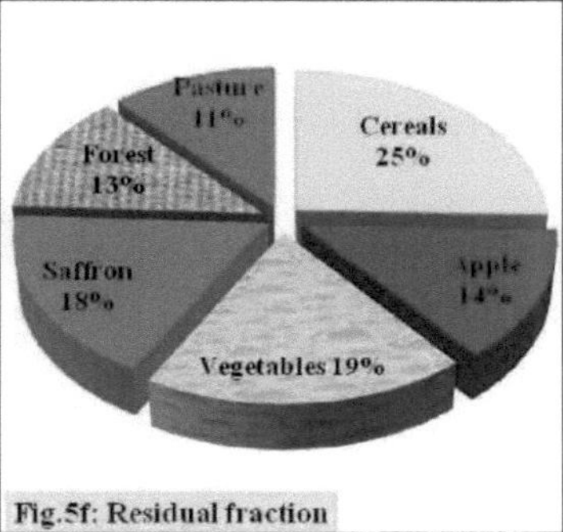

Fig. 5: Distribuição percentual das fracções de manganês (Mn) nos solos sob diferentes usos do solo nos Himalaias de Caxemira

foi mais elevada nos solos de pomares de macieiras (0,80%), seguidos de solos florestais (0,72%), de pastagens (0,68%), de hortícolas (0,59%), de açafrão (0,18%) e de cereais (0,10%).

4.2.4.2 Mn permutável

Os resultados relativos ao Mn permutável obtidos a partir da extração sequencial dos distritos seleccionados dos Himalaias de Caxemira são apresentados no Quadro 11 e na Fig. 1d. Os resultados revelam que esta fração variou de 3,09 a 21,38 mg kg^{-1} com um valor médio de 9,91 mg kg^{-1}. Esta fração contribuiu com 5,74% para Kupwara, 2,14% para Baramula, 2,02% para Bandipora, 2,01% para Ganderbal, 4,53% para Budgam, 1,95% para Pulwama, 5,94% para Kulgam, 2,76% para Anantnag e 15,43% para os solos de Shopian do Mn total, com uma média global de 4,72%. A ordem de associação do Mn nesta fração foi máxima (14,02 mg kg^{-1}) nos solos de Kupwara e mínima (5,97 mg kg^{-1}) nos solos de Pulwama. Os dados apresentados no Quadro 12 e na Fig. 5b indicam que o Mn associado à fração permutável foi mais elevado nos solos vegetais (4,61%) e mais baixo nos solos de açafrão (1,66%).

4.2.4.3 Mn ligado a carbonatos

Como se pode observar no Quadro 11 e na Fig. 1d, a concentração de Mn ligado a carbonatos variou entre 0,64 e 32,92 mg kg^{-1} com um valor médio de 14,32 mg kg^{-1}. A contribuição desta fração para o Mn total foi de 3,38% para Kupwara, 3,61% para Baramula, 3,91% para Bandipora, 4,30% para Ganderbal, 6,65% para Budgam, 10,38% para Pulwama, 1,36% para Kulgam, 7,12% para Anantnag e 2,33% para Shopian, com uma média global de 4,78%. A proporção recuperada da fração de Mn ligada a carbonatos foi máxima nos solos de Pulwama (31,75 mg kg^{-1}) e mínima nos solos de Shopian (1,80 mg kg^{-1}). A contribuição do teor de Mn ligado a carbonatos foi mais elevada nos solos de açafrão (10,60%) e mais baixa nos solos de pomar de macieiras (4,28%) (Quadro 12 e Fig. 5c).

4.2.4.4 Mn ligado a óxidos

Os resultados apresentados no Quadro 11 e na Fig. 1d revelam que a quantidade de Mn na fração ligada a óxidos variou entre 11,43 e 264,4 mg kg^{-1} com um valor médio de 113,68 mg kg^{-1}. Os solos de Kupwara representaram 30,42%, Baramula 40,99%, Bandipora 37,93%, Ganderbal 37,68%, Budgam 45,67%, Pulwama 44,45%, Kulgam 36,49%, Anantnag 51,57% e Shopian 16,70% do Mn total, com uma média global de 37,99%. O Mn ligado ao óxido foi o mais elevado (173,52 mg kg^{-1}) nos solos de Bandipora e o mais baixo (12,91 mg kg^{-1}) nos solos de Shopian. A percentagem recuperada de Mn na fração ligada a óxidos foi máxima nos solos florestais (55,66%) e mais baixa nos solos cerealíferos (37,47%) (Quadro 12 e Fig. 5d).

4.2.4.5 Mn ligado a orgânicos

Os resultados da especiação indicam (Quadro 11 e Fig. 1d) que o Mn de ligação orgânica variou de 1,64 a 75,92 mg kg^{-1} com um valor médio de 24,27 mg kg^{-1} constituindo 5,83, 7,22, 5,62, 3.53, 13,62, 12,43, 6,21, 13,49 e 19,58% para os solos de Kupwara, Baramula, Bandipora, Ganderbal, Budgam, Pulwama, Kulgam, Anantnag e Shopian, respetivamente, com uma média global de 9,72%. O teor mais elevado de Mn de ligação orgânica foi observado no solo de Budgam (38,16 mg kg^{-1}) e o mais baixo no solo de Ganderbal (13,63 mg kg^{-1}). Entre as diferentes utilizações do solo (Quadro 12 e Fig. 5e), a percentagem de Mn associado à fração de ligação orgânica foi mais elevada nos solos de pastagem (16,52%) e mais baixa nos solos de cereais (5,21%). **4.2.4.6 Mn residual**

Nos diferentes locais (Quadro 11 e Fig. 1d), o teor de Mn residual variou entre 25,3 e 318,8 mg kg^{-1} com um valor médio de 121,90 mg kg^{-1}. Este teor geoquímico fraccionado foi de 53,81% para Kupwara, 45,87% para Baramula, 50,53% para Bandipora, 52,48% para Ganderbal, 28,97% para Budgam, 30,65% para Pulwama, 49,10% para Kulgam, 24,46% para Anantnag e 42,68% para os solos de Shopian, com uma média global de 42,06%. Os solos de Bandipora registaram o teor mais elevado (231,20 mg kg^{-1}) de Mn residual e os de Shopian o mais baixo (33,00 mg kg^{-1}). Os resultados do Quadro 12 e da Fig. 5f indicam que a percentagem de Mn associada à fração residual foi mais elevada nos solos cerealíferos (49,95%) e mais baixa nos solos de pastagem (22,74%).

4.2.4.6 Especiação química do níquel (Ni)

1.1.1.1 Ni solúvel em água

Um olhar sobre os resultados apresentados na Tabela 13 e na Fig. 1e revela que o Ni solúvel em água variou de 0,00 a 2,23 mg kg^{-1} com um valor médio de 0,71 mg kg^{-1}. A proporção desta fração constituiu 3,37% em Kupwara, 1,12% em Baramula, 1,60% em Bandipora, 1,24% em Ganderbal, 2,13% em Budgam, 1,57% em Pulwama, 1,07% em Kulgam, 0,11% em Anantnag e 0,71% em Shopian, com um valor médio de 1,44%. O Ni solúvel em água foi mais elevado nos solos de Kupwara (1,73 mg kg^{-1}), seguido de Budgam (1,03 mg kg^{-1}), Bandipora (0,86 mg kg^{-1}), Pulwama (0.66 mg kg^{-1}), Ganderbal (0,64 mg kg^{-1}), Kulgam (0,59 mg kg^{-1}), Baramula (0,58 mg kg^{-1}), Shopian (0,28 mg kg^{-1}) e Anantnag (0,06 mg kg^{-1}). A Tabela 14 e a Fig. 6a indicam que a percentagem mais elevada de Ni solúvel em água foi observada em solos vegetais (2,27%) e que foi inferior ao limite de deteção no espetrofotómetro de absorção atómica em solos de pastagem

(0,00%).

1.1.1.2 Ni permutável

Os resultados relativos ao Ni permutável obtidos a partir da extração sequencial dos distritos seleccionados dos Himalaias de Caxemira são apresentados no Quadro 13 e na Fig. 1e. Os resultados revelam que esta fração variou de 1,32 a 6,34 mg kg^{-1} com um valor médio de 3,75 mg kg^{-1} e contribuiu com 10,17% para Kupwara, 6,21% para Baramula, 7,96% para Bandipora, 9.59% para Ganderbal, 6,49% para Budgam, 9,01% para Pulwama, 6,29% para Kulgam, 6,74% para Anantnag e 6,03% para os solos de Shopian do Ni total, com uma média global de 7,62%. O Ni permutável foi mais abundante (5,23 mg kg^{-1}) nos solos de Kupwara e escasso (2,42 mg kg^{-1}) nos solos de Shopian. Os dados apresentados no Quadro 14 e na Fig. 6b indicam que o Ni associado à fração permutável foi mais elevado no açafrão (10,66%) e mais baixo nos solos cultivados com vegetais (6,52%).

1.1.1.3 Ni ligado a carbonatos

Com base nos dados da Tabela 13 e da Fig. 1e, verifica-se que o Ni ligado ao carbonato variou entre 0,72 e 7,84 mg kg^{-1} com um valor médio de 4,36 mg kg^{-1} . Este

Quadro 13 : Especiação química do níquel (mg kg^{1}) nos solos dos Himalaias de Caxemira

District		Water soluble	Exchangeable	Carbonate bound	Oxide bound	Organic bound	Residual	Total
	Range	1.09-2.23	4.16-6.25	1.78-6.52	3.27-10.70	8.60-12.60	15.00-32.65	43.69-64.98
Kupwara	Mean	1.73	5.23	4.89	6.31	9.85	23.40	51.41
	%age	3.37	10.17	9.51	12.27	19.16	45.52	-
	Range	0.00-0.97	2.34-5.26	0.72-6.48	11.78-17.06	0.36-5.04	24.00-32.65	46.82-58.35
Baramula	Mean	0.58	3.23	3.43	14.74	2.89	27.09	51.96
	%age	1.12	6.21	6.60	28.37	5.56	52.15	-
	Range	0.50-1.09	3.20-5.71	2.17-4.35	5.08-15.24	2.45-11.34	18.15-37.52	40.64-68.13
Bandipora	Mean	0.86	4.28	3.39	11.40	6.26	27.58	53.77
	%age	1.60	7.96	6.31	21.20	11.65	51.29	-
	Range	0.18-1.41	2.80-6.34	2.91-6.52	6.16-15.98	0.36-7.98	14.50-44.75	36.79-75.57
Ganderbal	Mean	0.64	4.94	4.43	12.50	3.26	25.74	51.51
	%age	1.24	9.59	8.61	24.26	6.34	49.97	-
	Range	0.00-2.03	1.84-4.86	3.18-7.84	4.14-11.62	8.85-10.50	13.30-39.55	37.83-70.44
Budgam	Mean	1.03	3.13	4.75	9.22	9.78	20.30	48.21
	%age	2.13	6.49	9.85	19.13	20.29	42.10	-

Contd.....

Quadro 13 Cont...

Pulwama	Range	0.00-1.56	1.38-5.86	1.78-3.66
	Mean	0.66	3.81	2.82
	%age	1.57	9.01	6.67
Kulgam	Range	0.24-0.92	2.52-4.34	5.06-6.00
	Mean	0.59	3.43	5.53
	%age	1.07	6.29	10.14
Anantnag	Range	0.00-0.22	2.72-3.67	3.76-6.00
	Mean	0.06	3.29	4.97
	%age	0.11	6.74	10.19
Shopian	Range	0.10-0.46	1.32-3.52	4.12-6.00
	Mean	0.28	2.42	5.06
	%age	0.71	6.03	12.60
Range	Range	0.00-2.23	1.32-6.34	0.72-7.84
	Mean	0.71	3.75	4.36
	%age	1.44	7.62	8.86
SD		0.48	0.91	0.93

0,00 = Abaixo do limite de deteção

6.94-10.70	4.76-8.31	13.30-31.40	35.90-50.90
9.38	6.29	19.34	42.30
22.17	14.87	45.71	-
6.94-9.76	3.87-6.66	25.50-37.25	46.63-62.44
8.35	5.27	31.38	54.55
15.31	9.66	57.53	-
6.48-8.36	3.66-10.11	12.65-38.40	31.43-59.17
7.30	6.75	26.40	48.77
14.97	13.85	54.14	-
9.76-11.16	7.21-8.40	12.65-15.6	37.40-42.91
10.46	7.81	14.13	40.16
26.05	19.44	35.17	-
3.27-17.06	0.36-12.6	12.65-44.75	31.43-75.57
9.96	6.46	23.93	49.18
20.25	13.13	48.65	-
2.63	2.47	5.23	4.97

Quadro 14: Especiação química do níquel (mg kg^1) em solos sob diferentes usos do solo nos Himalaias de Caxemira

Land use		Water soluble	Exchangeable	Carbonate bound	Oxide bound	Organic bound	Residual	Total
Cereals	Mean	0.76	4.23	4.36	11.61	5.07	26.48	52.50
	%age	1.45	8.05	8.30	22.11	9.66	50.43	-
Apple	Mean	0.80	3.23	4.01	10.56	6.39	19.28	44.26
	%age	1.81	7.29	9.05	23.85	14.43	43.56	-
Vegetables	Mean	1.09	3.13	4.15	8.80	9.73	21.13	48.02
	%age	2.27	6.52	8.64	18.31	20.26	43.99	-
Saffron	Mean	0.29	4.99	3.22	8.11	6.42	23.78	46.80
	%age	0.63	10.66	6.88	17.33	13.71	50.80	-
Forest	Mean	0.11	3.20	5.30	7.18	6.62	20.25	42.65
	%age	0.26	7.49	12.43	16.83	15.51	47.48	-
Pasture	Mean	0.00	3.52	3.76	6.48	10.12	26.70	50.58
	%age	0.00	6.96	7.43	12.81	20.00	52.79	-

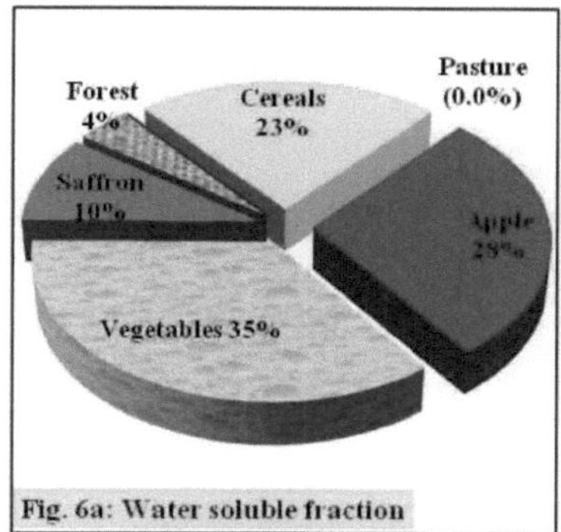

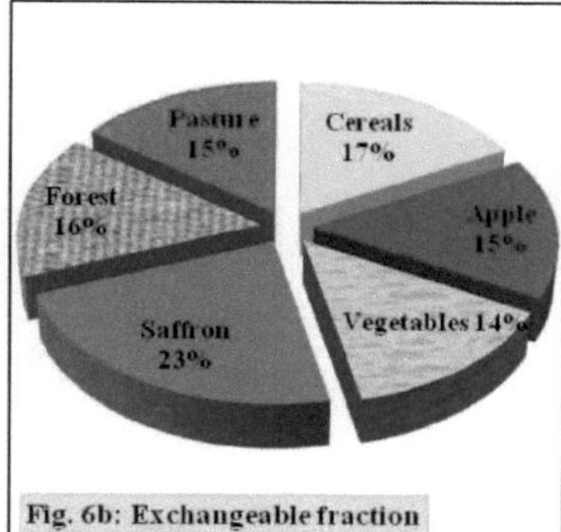

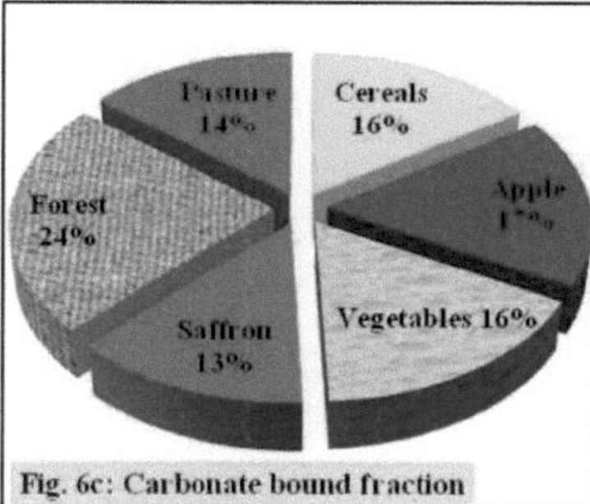

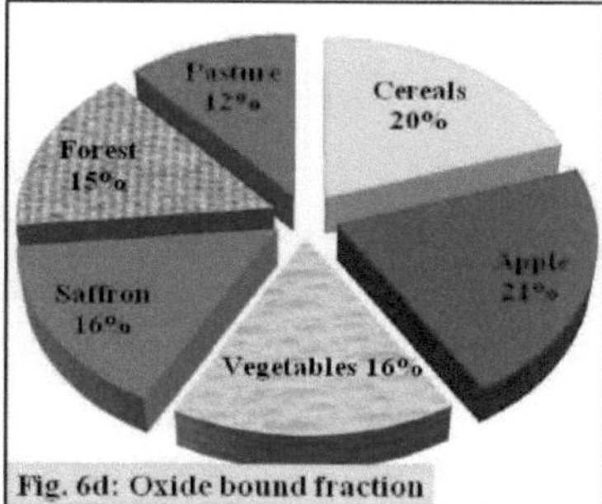

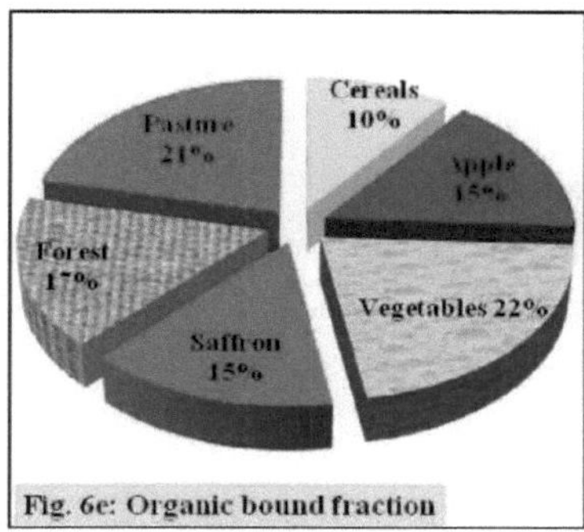

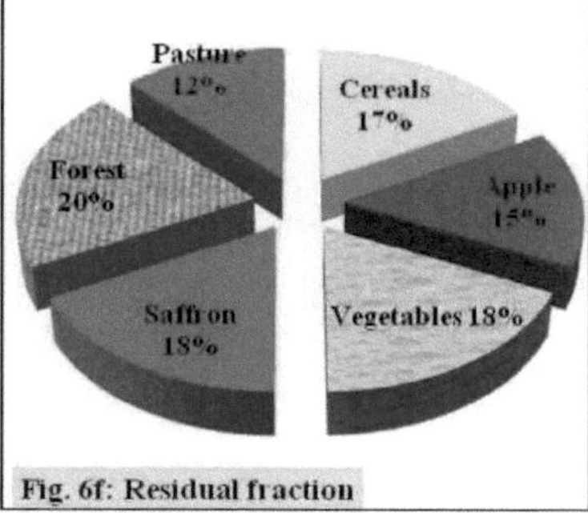

Fig. 6: Distribuição percentual das fracções de níquel (Ni) nos solos sob diferentes usos do solo dos Himalaias de Caxemira

compreende 9,51% para Kupwara, 6,60% para Baramula, 6,31% para Bandipora, 8,61% para Ganderbal, 9,85% para Budgam, 6,67% para Pulwama, 10,14% para Kulgam, 10,19% para Anantnag e 12,60% para Shopian do total de Ni com uma média geral de 8,86%. O Ni ligado ao carbonato foi o mais elevado (5,53 mg kg^{-1}) nos solos do distrito de Kulgam e o mais baixo (2,82 mg kg^{-1}) nos solos de Pulwama. Entre as diferentes utilizações do solo (Quadro 14 e Fig. 6c), a percentagem de Ni associada à fração ligada ao carbonato foi mais elevada nos solos florestais (12,43%) e mais baixa nos solos de açafrão (6,88%).

1.1.1.4 Ni ligado a óxido

A leitura dos resultados apresentados no Quadro 13 e representados na Fig. 1e revela que o Ni ligado a óxidos variou de 3,27 a 17,06 mg kg^{-1} com um valor médio de 9,96 mg kg^{-1} . Do total de Ni, esta fração contribuiu com 12,27% para Kupwara, 28,37% para Baramula, 21,2% para Bandipora, 24,26% para Ganderbal, 19,13% para Budgam, 22,17% para Pulwama, 15,31% para Kulgam, 14,97% para Anantnag e 26,05% para Shopian, com uma média global de 20,25%. O Ni ligado a óxidos foi máximo (14,74 mg kg^{-1}) nos solos de Baramula e mínimo (6,31 mg kg^{-1}) nos solos de Kupwara. A partir da Tabela 14 e da Fig. 6d, revela-se que a percentagem desta fração de Ni foi mais elevada nos solos de pomares de macieiras (23,85%) e mais baixa nos solos de pastagens (12,81%).

1.1.1.5 Ni ligado a orgânicos

Os resultados da especiação de microelementos, apresentados no Quadro 13 e na Fig. 1e, revelam que o Ni complexado organicamente variou entre 0,36 e 12,6 mg kg^{-1} com um valor médio de 6,46 mg kg^{-1} . Os solos de Kupwara, Baramula, Bandipora, Ganderbal, Budgam, Pulwama, Kulgam, Anantnag e Shopian constituíram 19,16, 5,56, 11,65, 6,34, 20,29, 14,87, 9,66, 13,85 e 19,44%, respetivamente, do Ni total, com uma média global de 13,13%. O maior influxo de Ni na fração de ligação orgânica foi encontrado nos solos de Kupwara (9,85 mg kg^{-1}) e o menor nos solos de Baramula (2,89 mg kg^{-1}). Considerando as diferentes utilizações do solo (Quadro 14 e Fig. 6e), esta fração foi mais elevada nos solos cultivados com vegetais (20,26%) e mais baixa nos solos de cereais (9,66%).

1.1.1.6 Ni residual

É óbvio, a partir dos dados apresentados no Quadro 13 e na Fig. 1e, que o Ni residual variou de 12,65 a 44,75 mg kg^{-1} com um valor médio de 23,93 mg kg^{-1} , contribuindo 45,52% para Kupwara, 52,15% para Baramula, 51.29% para Bandipora,

49,97% para Ganderbal, 42,10% para Budgam, 45,71% para Pulwama, 57,53% para Kulgam, 54,14% para Anantnag e 35,17% para Shopian do Ni total, com uma média global de 48,65%. O teor mais elevado de Ni residual foi observado nos solos de Kulgam (31,38 mg kg^{-1}) e o mais baixo nos solos de Shopian (14,13 mg kg^{-1}). Entre as diferentes utilizações do solo (Quadro 14 e Fig. 6f), a proporção de Ni associada à fração residual foi mais elevada nos solos de pastagem (52,79%) e mais baixa nos solos de pomares de macieiras (43,56%).

4.2.6 Especiação química do cádmio (Cd)

4.2.6.1 Cd solúvel em água

Os resultados da especiação indicam (Quadro 15 e Fig. 1f) que o Cd solúvel em água estava abaixo do limite de deteção (0,00 mg kg^{-1}) no espetrofotómetro de absorção atómica em solos de todos os distritos e utilizações do solo. O limite de deteção foi de 0,2 mg L^{-1} .

4.2.6.2 Cd permutável

É óbvio a partir dos dados apresentados no Quadro 15, Fig. 1f, que o Cd permutável não foi detectado (0,00 mg kg^{-1}) no espetrofotómetro de absorção atómica em todos os solos.

4.2.6.3 Cd ligado a carbonatos

Os resultados da especiação de microelementos, tal como apresentados no Quadro 15, Fig. 1f, revelam que o Cd ligado ao carbonato se encontrava abaixo do limite de deteção no espetrofotómetro de absorção atómica nos solos de todos os distritos e utilizações do solo.

4.2.6.4 Cd ligado a óxido

Um exame dos dados (Quadro 15 e Fig. 1f) revela que o Cd ligado a óxidos variava entre 0,00 e 0,82 mg kg^{-1} com um valor médio de 0,34 mg kg^{-1} . Este teor geoquímico fraccionado foi de 86,60% para Kupwara, 77,00% para Baramula, 82,70% para Bandipora, 67,63% para Ganderbal, 83,66% para Budgam, 81,21% para

Quadro 15: **Especiação química do cádmio (mg kg^{1}) nos solos dos Himalaias de Caxemira**

District		Water soluble	Exchangeable	Carbonate bound	Oxide bound	Organic bound	Residual	Total
	Range	0.00	0.00	0.00	0.00- 0.14	0.00	0.00-0.002	0.00-0.15
Kupwara	Mean	0.00	0.00	0.00	0.25	0.00	0.00	0.29
	%age	0.00	0.00	0.00	86.60	0.00	13.40	-
	Range	0.00	0.00	0.00	0.00-0.53	0.00	0.00-0.16	0.00-0.79
Baramula	Mean	0.00	0.00	0.00	0.26	0.00	0.008	0.34
	%age	0.00	0.00	0.00	77.00	0.00	23.00	-
	Range	0.00	0.00	0.00	0.00-0.63	0.00	0.00-0.13	0.00-0.76
Bandipora	Mean	0.00	0.00	0.00	0.34	0.00	0.007	0.41
	%age	0.00	0.00	0.00	82.70	0.00	17.30	-
	Range	0.00	0.00	0.00	0.25-0.46	0.00	0.12-0.22	0.38-0.69
Ganderbal	Mean	0.00	0.00	0.00	0.26	0.00	0.12	0.38
	%age	0.00	0.00	0.00	67.63	0.00	32.37	-
	Range	0.00	0.00	0.00	0.00-0.82	0.00	0.00-0.16	0.00-0.98
Budgam	.Mean	0.00	0.00	0.00	0.46	0.00	0.01	0.55
	%age	0.00	0.00	0.00	83.66	0.00	16.34	-

Contd…..

Quadro 15 Contém...

	Range	0.00	0.00	0.00
Pulwama	Mean	0.00	0.00	0.00
	%age	0.00	0.00	0.00
	Range	0.00	0.00	0.00
Kulgam	Mean	0.00	0.00	0.00
	%age	0.00	0.00	0.00
	Range	0.00	0.00	0.00
Anantnag	Mean	0.00	0.00	0.00
	%age	0.00	0.00	0.00
	Range	0.00	0.00	0.00
Shopian	Mean	0.00	0.00	0.00
	%age	0.00	0.00	0.00
	Range	0.00	0.00	0.00
Range	Mean	0.00	0.00	0.00
	%age	0.00	0.00	0.00
SD		0.000	0.000	0.000

0,00 = Abaixo do limite de deteção

0.31-0.63	0.00	0.007-0.14	0.38-0.78
0.31	0.00	0.01	0.38
81.21	0.00	18.80	-
0.52-0.63	0.00	0.19-0.23	0.72-0.87
0.58	0.00	0.21	0.80
73.22	0.00	26.78	-
0.58-0.67	0.00	0.19-0.22	0.78-0.90
0.63	0.00	0.21	0.84
75.44	0.00	24.56	-
0.00	0.00	0.00	0.00
0.00	0.00	0.00	0.00
0.00	0.00	0.00	-
0.00-0.82	0.00	0.00-0.23	0.00-0.98
0.34	0.00	0.10	0.44
78.52	0.00	21.48	-
0.19	0.000	0.007	0.26

Quadro 16 : Especiação química do cádmio (mg kg^1) em solos sob diferentes usos do solo nos Himalaias de Caxemira

Land use		Water soluble	Exchangeable	Carbonate bound	Oxide bound	Organic bound	Residual	Total
Cereals	Mean	0.00	0.00	0.00	0.28	0.00	0.10	0.38
	%age	0.00	0.00	0.00	77.83	0.00	22.17	-
Apple	Mean	0.00	0.00	0.00	0.28	0.00	0.08	0.36
	%age	0.00	0.00	0.00	78.65	0.00	21.35	-
Vegetables	Mean	0.00	0.00	0.00	0.45	0.00	0.09	0.54
	%age	0.00	0.00	0.00	83.59	0.00	16.41	-
Saffron	Mean	0.00	0.00	0.00	0.57	0.00	0.13	0.70
	%age	0.00	0.00	0.00	81.21	0.00	18.80	-
Forest	Mean	0.00	0.00	0.00	0.63	0.00	0.20	0.83
	%age	0.00	0.00	0.00	75.44	0.00	24.56	-
Pasture	Mean	0.00	0.00	0.00	0.59	0.00	0.19	0.78
	%age	0.00	0.00	0.00	75.43	0.00	24.57	-

0.00 = Below detection limit

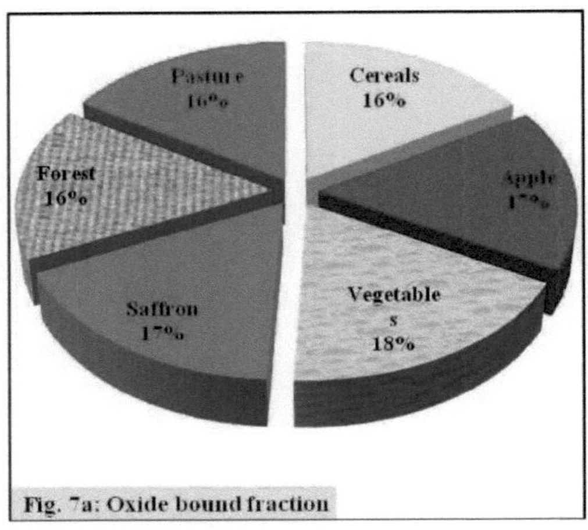

Fig. 7a: Oxide bound fraction

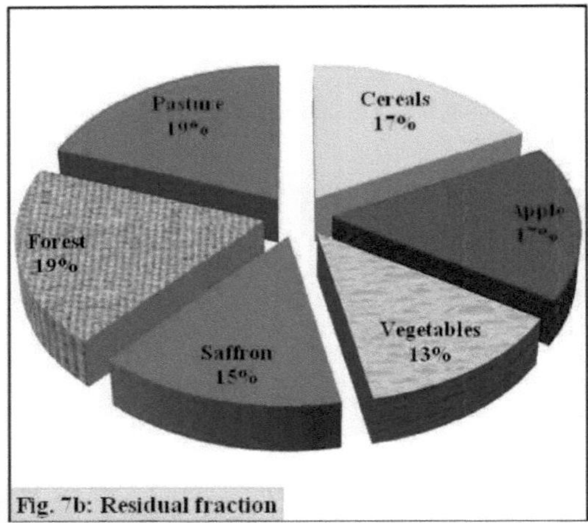

Fig. 7b: Residual fraction

Fig. 7: **Distribuição percentual das fracções de cádmio (Cd) nos solos sob diferentes utilizações do solo nos Himalaias de Caxemira**

Pulwama, 73,22% para Kulgam, 75,44% para Anantnag e 0,00% para os solos de Shopian do Cd total, com uma média global de 78,52%. Os solos de Anantnag apresentaram o teor de Cd ligado a óxidos mais elevado (0,63 mg kg^{-1}) e os de Shopian o mais baixo (0,00 mg kg^{-1}). Os resultados do Quadro 16 e da Fig. 7a indicam que a percentagem de Cd associado à fração ligada a óxidos foi mais elevada nos solos vegetais (83,59%) e mais baixa nos solos de pastagem (75,43%).

4.2.6.5 Cd ligado a orgânicos

O Cd ligado a orgânicos estava abaixo do limite de deteção (0,00 mg kg^{-1}) no espetrofotómetro de absorção atómica em todos os solos estudados.

4.2.6.6 Cd residual

Os resultados apresentados no Quadro 15, Fig. 1f, revelam que a quantidade de Cd na fração residual variou entre 0,00 e 0,23 mg kg^{-1} com um valor médio de 0,10 mg kg^{-1} . Os solos de Kupwara continham 13,40%, Baramula 23,00%, Bandipora 17,30%, Ganderbal 32,37%, Budgam 16,34%, Pulwama 18,80%, Kulgam 26,78%, Anantnag 24,56% e Shopian 0,00% do Cd total, com uma média global de 21,48%. O Cd residual foi mais elevado (0,21 mg kg^{-1}) nos solos de Kulgam e menos (0,00 mg kg^{-1}) nos solos de Shopian. Nas diferentes utilizações do solo (Quadro 16 e Fig. 7b), foi mais elevado nos solos de pastagem (24,57%) e mais baixo nos solos cultivados com vegetais (16,41%).

4.2.7 Especiação química do chumbo (Pb)

4.2.7.1 Pb solúvel em água

O Pb solúvel em água foi inferior ao limite de deteção (0,00 mg kg^{-1}) no espetrofotómetro de absorção atómica em todos os solos estudados. O limite de deteção foi de 0,2 mg L-1.

4.2.7.2 Pb permutável

Os dados apresentados no Quadro 17 e na Fig. 1g revelaram que o Pb permutável variava entre 0,00 e 6,80 mg kg^{-1} com um valor médio de 1,58 mg kg^{-1} . Os solos de Kupwara incluíam 2,02% para Kupwara, 5,34% para Baramula, 3,83% para

Quadro 17 : Especiação química do chumbo (mg kg^{1}) nos solos dos Himalaias de Caxemira

District		Water soluble	Exchangeable	Carbonate bound	Oxide bound	Organic bound	Residual	Total
	Range	0.00	0.00-1.94	5.49-9.60	0.61-3.91	5.40-7.90	10.45-16.20	31.0-36.10
Kupwara	Mean	0.00	0.67	8.06	2.60	7.18	14.38	32.89
	%age	0.00	2.02	24.51	7.91	21.84	43.72	-
	Range	0.00	0.60-3.80	4.79-12.34	0.92-6.75	0.24-12.90	8.35-36.70	28.08-60.15
Baramula	Mean	0.00	2.37	9.64	2.93	5.40	23.99	44.33
	%age	0.00	5.34	21.74	6.61	12.19	54.12	-
	Range	0.00	0.00-3.95	7.50-9.60	2.50-6.28	0.36-5.40	9.90-39.89	27.54-60.80
Bandipora	Mean	0.00	1.61	8.54	3.78	3.14	25.04	42.11
	%age	0.00	3.83	20.28	8.97	7.45	59.47	-
	Range	0.00	0.60-4.38	6.75-14.79	0.61-3.17	0.23-14.23	5.20-32.00	14.43-54.22
Ganderbal	Mean	0.00	2.30	9.26	2.06	5.54	14.42	33.58
	%age	0.00	6.86	27.57	6.13	16.49	42.95	-
	Range	0.00	0.72-1.94	4.72-16.16	0.92-5.78	3.56-8.85	18.00-41.00	36.98-59.45
Budgam	Mean	0.00	1.19	9.75	1.79	6.08	28.49	47.30
	%age	0.00	2.52	20.61	3.78	12.84	60.24	-

Contd…..

	Range	0.00	2.72-6.80	4.80-10.80	0.92-4.56	0.31-9.06	12.95-25.55	29.78-29.78
Pulwama	Mean	0.00	3.99	8.77	2.14	5.08	18.54	38.52
	%age	0.00	10.36	22.77	5.55	13.18	48.14	-
	Range	0.00	0.72-0.72	5.94-9.44	0.92-0.92	1.03-2.37	25.55-43.50	39.00-52.11
Kulgam	Mean	0.00	0.72	7.69	0.92	1.70	34.53	45.56
	%age	0.00	1.58	16.88	2.02	3.73	75.79	-
	Range	0.00	0.72-0.72	4.72-12.02	0.92-5.78	0.60-10.86	18.00-43.20	44.94-56.87
Anantnag	Mean	0.00	0.72	8.07	3.35	6.52	31.86	50.52
	%age	0.00	1.43	15.96	6.63	12.91	63.07	-
	Range	0.00	0.58-0.72	4.58-6.02	0.92-0.92	14.39-16.14	10.45-20.55	30.92-44.35
Shopian	Mean	0.00	0.65	5.30	0.92	15.27	15.50	37.64
	%age	0.00	1.73	14.08	2.44	40.56	41.19	-
	Range	0.00	0.00-6.80	4.58-16.16	0.00-6.75	0.23-16.14	5.20-43.50	14.43-60.80
Range	Mean	0.00	1.58	8.34	2.28	6.21	22.97	41.38
	%age	0.00	3.82	20.16	5.50	15.01	55.53	-
SD		0.00	1.13	1.35	1.00	3.80	7.67	6.13

0.00 = Below detection limit

Quadro 18 : Especiação química do chumbo (mg kg^1) em solos sob diferentes usos do solo nos Himalaias de Caxemira

Land use		Water soluble	Exchangeable	Carbonate bound	Oxide bound	Organic bound	Residual	Total
Cereals	Mean	0.00	1.66	8.72	2.50	4.27	21.09	38.23
	%age	0.00	4.33	22.81	6.53	11.17	55.16	-
Apple	Mean	0.00	2.15	8.40	1.68	9.00	20.21	41.44
	%age	0.00	5.19	20.26	4.05	21.71	48.79	-
Vegetables	Mean	0.00	1.81	9.81	2.31	6.46	28.38	48.77
	%age	0.00	3.71	20.12	4.74	13.25	58.18	-
Saffron	Mean	0.00	3.07	8.76	2.14	4.69	24.38	43.04
	%age	0.00	7.13	20.36	4.97	10.90	56.64	-
Forest	Mean	0.00	0.72	8.98	3.35	3.96	33.13	50.13
	%age	0.00	1.44	17.91	6.68	7.89	66.08	-
Pasture	Mean	0.00	0.72	9.58	5.78	10.86	18.00	44.94
	%age	0.00	1.60	21.32	12.86	24.17	40.05	-

0.00 = Below detection limit

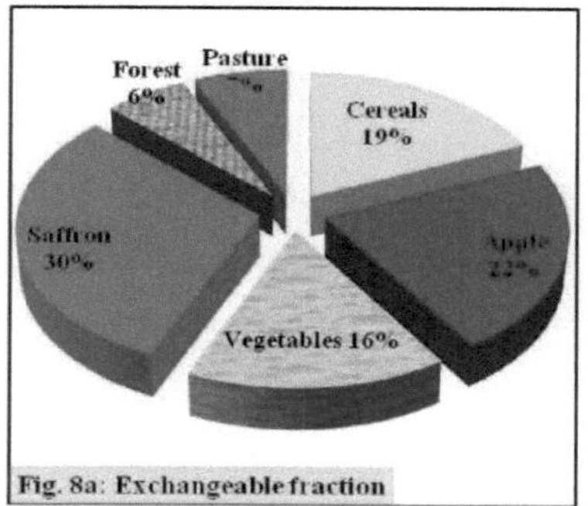

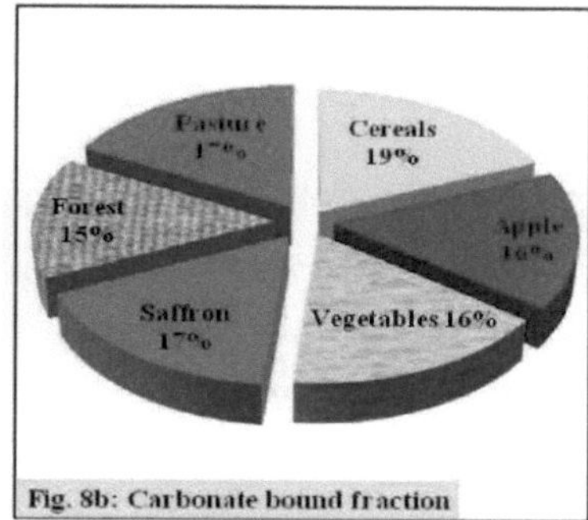

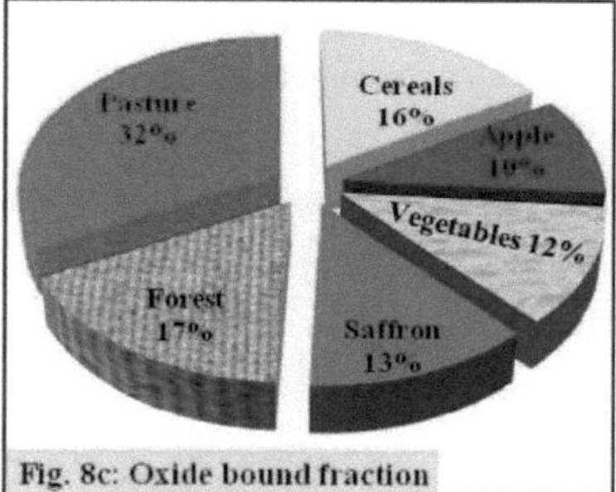

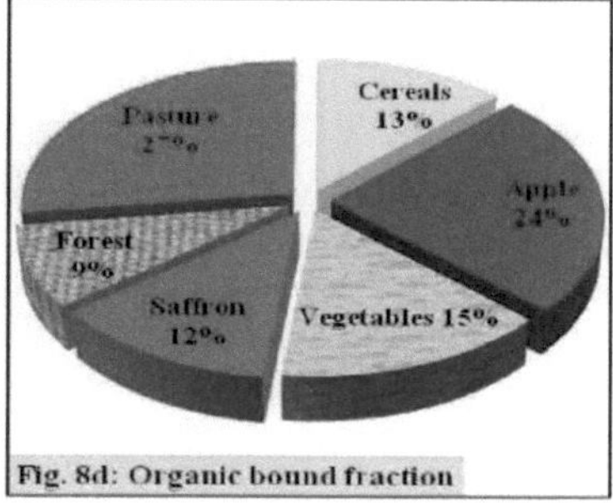

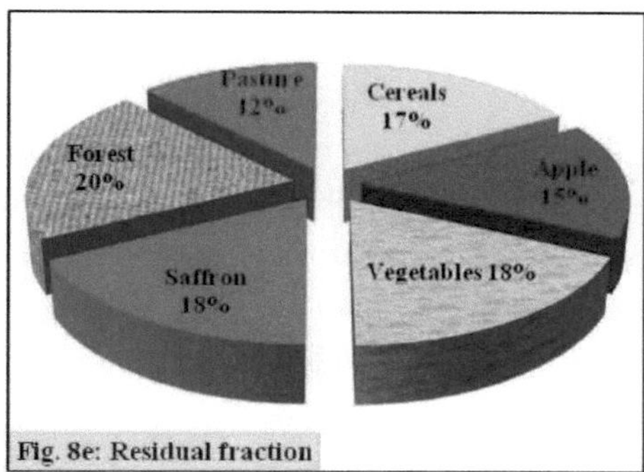

Fig. 8 :   Distribuição percentual das fracções de chumbo (Pb) nos solos sob diferentes condições

utilizações dos Himalaias de Caxemira

Bandipora, 6,86% para Ganderbal, 2,52% para Budgam, 10,36% para Pulwama, 1,58% para Kulgam, 1,43% para Anantnag e 1,73% para os solos de Shopian do Pb total, com uma média global de 3,82%. Os resultados revelaram também que os solos de Pulwama tinham o teor mais elevado (3,99 mg kg^{-1}) de Pb permutável e o mais baixo (0,65 mg kg^{-1}) nos solos de Shopian. Em diferentes utilizações do solo (Quadro 18 e Fig. 8a), foi mais elevado nos solos de açafrão (7,13%) e mais baixo nos solos florestais (1,44%).

4.2.7.3 Pb ligado a carbonatos

É óbvio a partir dos dados apresentados no Quadro 17 e na Fig. 1g que o Pb ligado a carbonatos variou entre 4,58 e 16,16 mg kg^{-1} com um valor médio de 8,34 mg kg^{-1} , constituindo 24,51, 21,74, 20,28, 27,57, 20,61, 22.77, 16,88, 15,96 e 14,08% da soma total de todas as fracções nos solos de Kupwara, Baramula, Bandipora, Ganderbal, Budgam, Pulwama, Kulgam, Anantnag e Shopian, respetivamente, com uma média de 20,16%. O teor mais elevado de Pb ligado a carbonatos foi observado nos solos de Budgam (9,75 mg kg^{-1}) e o mais baixo (5,30 mg kg^{-1}) nos solos de Shopian. Entre as diferentes utilizações do solo (Quadro 18 e Fig. 8b), a percentagem de Pb associada à fração ligada ao carbonato foi mais elevada nos solos cerealíferos (22,81%) e mais baixa nos solos florestais (17,91%).

4.2.7.4 Pb ligado a óxido

Uma leitura dos resultados apresentados no Quadro 17 e representados na Fig. 1g revela que o Pb ligado a óxidos variou de 0,00 a 6,75 mg kg^{-1} com uma média de 2,28 mg kg^{-1} . Do total de Pb, esta fração contribuiu com 7,90% para Kupwara, 6,62% para Baramula, 8,97% para Bandipora, 6,13% para Ganderbal, 3,78% para Budgam, 5,55% para Pulwama, 2,02% para Kulgam, 6,63% para Anantnag e 2,44% para os solos de Shopian do total de Pb, com uma média global de 5,50%. O Pb ligado a óxidos foi máximo em Bandipora (3,78 mg kg^{-1}) e mais baixo (0,92 mg kg^{-1}) nos solos de Shopian. Considerando as diferentes utilizações dos solos (Quadro 18 e Fig. 8c), esta fração foi máxima nos solos de pastagem (12,86%) e mínima nos solos de pomares de macieiras (4,05%).

4.2.7.5 Pb ligado a orgânicos

Um olhar sobre os resultados apresentados no Quadro 17 e na Fig. 1g revela que o Pb de ligação orgânica variou de 0,23 a 16,14 mg kg^{-1} com um valor médio de 6,21 mg kg^{-1} . Os padrões de distribuição do Pb nas fracções de ligação orgânica foram de 21,84% para Kupwara, 12,19% para Baramula, 7,45% para Bandipora, 16,49% para Ganderbal, 12,84% para Budgam, 13,18% para Pulwama, 3,73% para Kulgam, 12,91% para

Anantnag e 40,56% para Shopian do total de Pb, com uma média global de 15,01%. O Pb de ligação orgânica foi mais elevado nos solos de Shopian (15,27 mg kg^{-1}) e mais baixo nos solos de Kulgam (1,70 mg kg^{-1}). O quadro 18 e a figura 8d indicam que a percentagem mais elevada de Pb de ligação orgânica foi registada nos solos de pastagem (24,17) e a mais baixa nos solos florestais (7,89).

4.2.7.6 Pb residual

Um exame dos dados (Quadro 17 e Fig. 1g) revela que o Pb residual variou de 5,2 a 43,50 mg kg^{-1} com um valor médio de 22,97 mg kg^{-1} . Este teor geoquímico fracionário foi de 43,72% para Kupwara, 54,12% para Baramula, 59,47% para Bandipora, 42,95% para Ganderbal, 60,24% para Budgam, 48,14% para Pulwama, 75,79% para Kulgam, 63,07% para Anantnag e 41,19% para os solos de Shopian do Pb total, com uma média global de 55,53%. Os solos de Kulgam registaram o teor de Pb residual mais elevado (34,53 mg kg^{-1}) e os de Kupwara o mais baixo (14,38 mg kg^{-1}). Os resultados do Quadro 18 e da Fig. 8e indicam que o teor de Pb associado à fração residual foi mais elevado nos solos florestais (66,08%) e mais baixo nos solos de pastagem (40,05%).

4.3 Influência das propriedades do solo nas fracções químicas dos microelementos

A disponibilidade de microelementos no solo é regida por vários factores que interagem entre si, como o pH, o teor de carbono orgânico, a reatividade dos carbonatos de metais alcalino-terrosos, a capacidade de troca catiónica, a textura, a salinidade, a qualidade da água de irrigação e as interacções entre metais. Assim, procurou-se avaliar a influência individual e colectiva das propriedades mais importantes do solo, como o pH, o carbono orgânico, a capacidade de troca catiónica, a textura e o carbonato de cálcio, em diferentes fracções químicas de microelementos. A fim de avaliar a influência, foram calculados coeficientes de correlação simples entre as formas solúvel em água, permutável, carbonatada, óxida, orgânica e residual (variáveis dependentes) e as propriedades do solo (variáveis independentes). A influência combinada das propriedades do solo nas várias formas químicas de Zn, Cu, Fe e Mn foi determinada através da análise de regressão.

4.3.1 Influência das propriedades do solo nas fracções químicas do zinco (Zn)

4.3.1.1 Zn solúvel em água

Uma leitura dos dados apresentados no Quadro 19 revela que o Zn solúvel em água teve uma correlação negativa significativa com o pH (r = -0,535**) e uma correlação positiva significativa com o carbono orgânico (r = 0,485**). O Zn solúvel em água foi negativamente correlacionado com o carbonato de cálcio e o teor de argila e positivamente correlacionado com a capacidade de troca catiónica, mas os coeficientes de correlação não foram significativos. A equação 1 do Quadro 26 explica 43,6% da variabilidade do Zn solúvel em água devido à influência combinada do pH, do carbono orgânico, do carbonato de cálcio, da capacidade de troca catiónica e do teor de argila, e R foi significativo.

43,12 Zn permutável

Um olhar sobre os resultados (Quadro 19) revela que o Zn permutável teve uma correlação negativa significativa com o pH (r = -0,478**). Também foi significativa e positivamente correlacionado com o carbono orgânico (r = 0,424**). Foi positivamente correlacionado com a capacidade de troca catiónica e o teor de argila e negativamente correlacionado com o carbonato de cálcio, mas os coeficientes de correlação não foram significativos. Os coeficientes de regressão padrão (equação 2, Quadro 26) ilustraram 36,7 por cento de variabilidade no Zn permutável em solos dos Himalaias de Caxemira. O R foi significativo nestes solos.

4.3.13 Zn ligado a carbonatos

Uma leitura dos resultados (Quadro 19) revela que o Zn ligado ao carbonato teve uma correlação positiva significativa com o pH (r = **0,519****) e o carbonato de cálcio (r = **0,759****). Foi positivamente relacionado com a capacidade de troca catiónica e o teor de argila e negativamente com o carbono orgânico, mas os coeficientes de correlação não foram significativos. A equação 3 do Quadro 26 explica 66,2% da variabilidade do Zn ligado ao carbonato devido à influência combinada do pH, do carbono orgânico, do carbonato de cálcio, da capacidade de troca catiónica e do teor de argila, e os coeficientes de correlação foram significativos.

Quadro 19 : Coeficientes de correlação entre as diferentes fracções de zinco e as propriedades do solo

	Water soluble	Exchangeable	Carbonate bound	Oxide bound	Organic bound	Residual	Total
pH	-0.535**	-0.478**	0.519**	-0.431**	-0.373*	0.609**	0.389**
OC	0.485**	0.424**	-0.180	0.214	0.679**	-0.159	0.123
CaCO$_3$	-0.170	-0.254	0.759**	0.161	-0.257	0.387**	0.442**
CEC	0.149	0.254	0.002	-0.008	0.292	0.195	0.293
Clay	-0.002	0.104	0.103	0.103	0.277	0.206	0.328*

* Correlation is significant at the 0.05 level
** Correlation is significant at the 0.01 level

4.3.1.4 Zn ligado a óxidos

Uma leitura dos resultados apresentados no Quadro 19 revela que o Zn ligado a óxidos teve uma correlação negativa significativa com o pH (r = **-0,431****). Estava positivamente relacionado com o carbono orgânico, o carbonato de cálcio e o teor de argila e negativamente com a capacidade de troca catiónica, mas os coeficientes de correlação não eram significativos. A equação 4 (Quadro 26) explica 33,8% da variabilidade do Zn ligado a óxidos devido à influência combinada do pH, do carbono orgânico, do carbonato de cálcio, da capacidade de troca catiónica e do teor de argila, e a influência foi significativa

4.3.1.5 Zn de ligação orgânica

Uma leitura dos resultados (Quadro 19) revela que o Zn de ligação orgânica apresentou uma correlação negativa significativa com o pH (r = -0,373**) e uma correlação positiva significativa com o carbono orgânico (r = 0,679**). Foi positivamente correlacionado com a capacidade de troca catiónica e o teor de argila, enquanto que foi negativamente correlacionado com o carbonato de cálcio, mas os coeficientes de correlação não foram significativos. A equação 5 do Quadro 26 explica 54,7 por cento da variabilidade do Zn de ligação orgânica devido à influência combinada do pH, do carbono orgânico, do carbonato de cálcio, da capacidade de troca catiónica e do teor de argila, e os coeficientes de correlação foram significativos.

4.3.1. 6Zn residual

Uma leitura dos resultados (Quadro 19) revela que o Zn residual teve uma correlação positiva significativa com o pH (r = 0,609**) e o carbonato de cálcio (r = 0,387**). Foi positivamente correlacionado com a capacidade de troca catiónica e o teor de argila e negativamente correlacionado com o carbono orgânico, mas os coeficientes de correlação não foram significativos. A análise de regressão (equação 6, Quadro 26) do pH, carbono orgânico, carbonato de cálcio, capacidade de troca catiónica e teor de argila resultou numa variação significativa de 43,4 por cento no Zn residual em solos dos Himalaias de Caxemira. O R foi significativo nestes solos.

4.3.2 Influência das propriedades do solo nas fracções químicas do ferro (Fe) 4.3.2.1 Fe solúvel em água

Uma análise dos resultados apresentados no Quadro 20 indica que o Fe solúvel em água apresentou uma correlação negativa significativa com o pH (r = -0,734**) e uma correlação positiva significativa com o carbono orgânico (r = 0,335*). A partir desta associação, pode inferir-se que a deficiência de Fe seria um problema grave em solos com baixo teor de carbono orgânico. O Fe solúvel em água foi correlacionado de forma negativa e não significativa com o carbonato de cálcio, a capacidade de troca catiónica e o teor de argila. A equação 7 (Quadro 26) explicou 64,1% da variabilidade do Fe solúvel em água devido à influência combinada do pH, do carbono orgânico, do carbonato de cálcio, da capacidade de troca catiónica e do teor de argila, e a influência foi significativa.

43,22 Fe permutável

Os resultados da Tabela 20 mostraram uma correlação positiva significativa da fração de Fe na forma permutável com o carbono orgânico (r = 0,468**), evidenciando uma profunda influência da matéria orgânica na disponibilidade de Fe. Esta fração foi pouco correlacionada com o carbonato de cálcio, o teor de permuta catiónica e o teor de argila. O Fe trocável apresentou uma correlação negativa significativa com o pH (r = -0,591**). A análise de regressão (equação 8, Quadro 26) do pH, carbono orgânico, carbonato de cálcio, capacidade de troca catiónica e teor de argila resultou numa variação significativa de 48,1 por cento no Fe permutável em solos dos Himalaias de Caxemira. O R foi significativo nestes solos

43.23 Fe ligado a carbonatos.

O Fe ligado ao carbonato teve uma correlação não significativa com todas as propriedades do solo, exceto com o pH, em que a associação foi negativa e significativa (r = **- 0,574****) (Quadro 20). Esta fração apresentou coeficientes de correlação positivos com o carbono orgânico e coeficientes negativos com o carbonato de cálcio, a capacidade de troca catiónica e o teor de argila. A equação 9 (Quadro 26) explica 36,7% da variabilidade do Fe ligado ao carbonato devido à influência combinada do pH, do carbono orgânico, do carbonato de cálcio, da capacidade de troca catiónica e do teor de argila, e a influência foi significativa.

Quadro 20 : Coeficientes de correlação entre as diferentes fracções de ferro e as propriedades do solo

	Water soluble	Exchangeable	Carbonate bound	Oxide bound	Organic bound	Residual	Total
pH	-0.734**	-0.591**	-0.574**	-0.338*	-0.392**	0.118	-0.194
OC	0.335*	0.468**	0.213	-0.180	0.528**	0.006	0.235
CaCO$_3$	-0.250	-0.239	-0.005	-0.294	-0.003	-0.201	-0.262
CEC	-0.206	0.198	-0.110	-0.201	0.258	0.465**	0.454**
Clay	-0.128	0.007	-0.004	-0.135	0.283	0.268	0.306*

* Correlation is significant at the 0.05 level

** Correlation is significant at the 0.01 level

4.3.2.4 Fe ligado a óxidos

O Fe ligado a óxidos teve uma correlação não significativa com todas as propriedades do solo, exceto com o pH, em que a relação foi negativa e significativa (r = **-0,338***). Esta fração geoquímica apresentou uma correlação negativa com o carbono orgânico, o carbonato de cálcio, a capacidade de troca catiónica e o teor de argila (Quadro 20).

4.3.2.5 Fe ligado a orgânicos

Os resultados apresentados no Quadro 20 mostram que o Fe de ligação orgânica teve uma correlação negativa significativa com o pH (r = -0,392**) e uma correlação positiva significativa com o carbono orgânico (r = 0,528**). Foi correlacionado positivamente com a capacidade de troca catiónica e o teor de argila e negativamente com o carbonato de cálcio, mas os coeficientes de correlação não foram significativos. A equação 10 (Quadro 26) explica 39,0 por cento da variabilidade do Fe ligado à matéria orgânica devido à influência combinada do pH, do carbono orgânico, do carbonato de cálcio, da capacidade de troca catiónica e do teor de argila, e a influência foi significativa

43.2.6 Fe residual

Os resultados apresentados no quadro 20 mostram claramente que o Fe residual teve uma correlação positiva significativa com a capacidade de troca catiónica ($r = -0,465^{**}$). Foi positivamente correlacionado com o pH, o carbono orgânico e o teor de argila, ao passo que foi negativamente correlacionado com o carbonato de cálcio, mas os coeficientes de correlação não foram significativos. A análise de regressão (equação 11, Quadro 26) do pH, do carbono orgânico, do carbonato de cálcio, da capacidade de troca catiónica e do teor de argila resultou numa variação significativa de 32,7% do Fe residual nos solos dos Himalaias de Caxemira. O R foi significativo nestes solos.

4.3.3 Influência das propriedades do solo nas fracções químicas do cobre (Cu) 4.3.3.1 Cu solúvel em água

O Cu solúvel em água apresentou (Quadro 21) uma correlação não significativa com todas as propriedades do solo, exceto o pH, em que a relação foi negativa e significativa ($r = -0,580^{**}$). Apresentou uma correlação positiva com o carbono orgânico e uma correlação negativa com o carbonato de cálcio, a capacidade de troca catiónica e o teor de argila. A análise de regressão (equação 12, Quadro 26) do pH, carbono orgânico, carbonato de cálcio, capacidade de troca catiónica e teor de argila resultou numa variação significativa de 38,7% na fração de Cu solúvel em água nestes solos.

Quadro 21 : Coeficientes de correlação entre as diferentes fracções de cobre e as propriedades do solo

	Water soluble	Exchangeable	Carbonate bound	Oxide bound	Organic bound	Residual	Total
pH	-0.580[**]	-0.210	0.221	-0.261	-0.270	-0.170	-0.201
OC	0.230	0.322[*]	-0.301[*]	0.000	0.460[**]	0.000	0.010
CaCO$_3$	-0.010	0.210	0.392[**]	0.200	0.010	0.200	0.210
CEC	-0.010	0.010	-0.280	-0.260	0.010	-0.190	-0.190
Clay	-0.145	0.157	-0.002	-0.141	0.003	-0.006	-0.006

* Correlation is significant at the 0.05 level

** Correlation is significant at the 0.01 level

433.2 Cu permutável

Os resultados do Quadro 21 revelam que o Cu permutável teve uma correlação não significativa com todas as propriedades do solo, exceto com o carbono orgânico, em que a relação foi positiva e significativa (r = **0,322***). Apresentou uma correlação positiva com o carbonato de cálcio, a capacidade de troca catiónica e a argila e uma correlação negativa com o pH.

4333 Cu ligado a carbonatos.

Os resultados da Tabela 21 revelam que o Cu ligado ao carbonato apresentou um coeficiente de correlação negativo significativo (r = **-0,301***) com o carbono orgânico. Apresentou uma correlação negativa com a capacidade de troca catiónica e o teor de argila, mas os coeficientes não foram significativos. O Cu ligado ao carbonato foi significativa e positivamente (r = **0,392****) correlacionado com o carbonato de cálcio e não significativamente com o pH. A análise de regressão (equação 13, Quadro 26) do pH, carbono orgânico, carbonato de cálcio, capacidade de troca catiónica e teor de argila resultou numa variação significativa de 30,2 por cento no Cu ligado ao carbonato em solos dos Himalaias de Caxemira. O R foi significativo nestes solos.

**433.	4Cu ligado a óxido**

Os resultados apresentados no Quadro 21 mostram claramente que a correlação do Cu ligado a óxidos foi negativa com o pH, a capacidade de troca catiónica e o teor de argila e positiva com o carbonato de cálcio e o carbono orgânico. Todos os coeficientes de correlação foram considerados não significativos.

**433.	5Cu ligado organicamente**

É óbvio, a partir dos resultados apresentados no Quadro 21, que o Cu de ligação orgânica teve uma correlação positiva significativa com o carbono orgânico (r = 0,460**). Apresentou uma correlação negativa com o pH e uma correlação positiva com o carbonato de cálcio, a capacidade de troca catiónica e o teor de argila, mas os coeficientes não foram significativos. A análise de regressão (equação 14, Quadro 26) do pH, do carbono orgânico, do carbonato de cálcio, da capacidade de troca catiónica e do teor de argila resultou numa variação significativa de 27,0 por cento no Cu orgânico nos solos dos Himalaias de Caxemira. O R foi significativo nestes solos.

**1.1.1.6	Cu residual**

O Cu residual apresentou uma correlação negativa com o pH, a capacidade de troca catiónica e o teor de argila e uma correlação positiva com o carbono orgânico e o carbonato de cálcio (Quadro 21). Nenhuma delas atingiu o nível de significância. **4.3.4 Influência das propriedades do solo nas fracções químicas do manganês (Mn) 4.3.4.1 Mn solúvel em água**

Os resultados registados no quadro 22 indicam que o Mn solúvel em água foi significativa e negativamente correlacionado com o pH (r = **-0,553***) e com a capacidade de troca catiónica (r = **-0,301***). A correlação do Mn solúvel em água foi positiva e não significativa com o carbono orgânico e negativa e não significativa com o teor de argila e o carbonato de cálcio. Os coeficientes de regressão padrão (equação 15), ilustraram 40,8% de variabilidade no Mn solúvel em água. O R^2 foi significativo nestes solos.

**1.1.1.7	Mn permutável**

É óbvio a partir dos resultados (Quadro 22) que o Mn permutável mostrou uma relação positiva com o carbono orgânico, a capacidade de troca catiónica cálcio-carbonato e o teor de argila e uma relação negativa com o pH, mas nenhum destes atingiu o nível de significância.

**1.1.1.8	Mn ligado a carbonatos**

Os resultados apresentados no Quadro 22 revelam que o Mn ligado ao carbonato apresentou uma associação positiva com o pH, o carbono orgânico, o carbonato de cálcio e a argila e uma associação negativa com a capacidade de troca catiónica. Nenhuma destas associações atingiu o nível de significância.

**1.1.1.9	Mn ligado a óxidos.**

É evidente a partir dos resultados apresentados no Quadro 22 que o Mn ligado a óxidos teve uma relação positiva com o pH, o carbono orgânico, a capacidade de troca catiónica e o teor de argila e uma relação negativa com o carbonato de cálcio. Nenhuma delas atingiu o nível de significância.

Tabela 22 : Coeficientes de correlação entre as diferentes fracções de manganês e as propriedades do solo

	Water soluble	Exchangeable	Carbonate bound	Oxide bound	Organic bound	Residual	Total
pH	-0.553[**]	-0.207	0.291	0.006	-0.109	0.246	0.189
OC	0.132	0.154	0.006	0.006	-0.003	-0.123	-0.003
CaCO$_3$	-0.110	0.163	0.239	-0.006	-0.149	-0.007	-0.007
CEC	-0.301[*]	0.006	-0.002	0.228	-0.008	0.240	0.275
Clay	-0.293	0.246	0.002	0.107	-0.001	0.159	0.172

* Correlation is significant at the 0.05 level

** Correlation is significant at the 0.01 level

1.1.1.10 Mn ligado a orgânicos.

Os resultados registados no Quadro 22 indicam que o Mn ligado à matéria orgânica apresentou uma correlação negativa com o pH, o carbono orgânico, o carbonato de cálcio, a capacidade de troca catiónica e o teor de argila, mas nenhum deles atingiu o nível de significância.

1.1.1.11 Mn residual

Os resultados no Quadro 22 revelam que o Mn residual estava negativamente e não significativamente correlacionado com o carbono orgânico e o carbonato de cálcio e positivamente e não significativamente com o pH, a capacidade de troca catiónica e o teor de argila.

4.3.5 Influência das propriedades do solo nas fracções químicas do níquel (Ni) 4.3.5.1 Ni solúvel em água

O Ni solúvel em água apresentou uma correlação negativa com o carbono orgânico, a capacidade de troca catiónica e o teor de argila e uma correlação positiva com o pH e o carbonato de cálcio (Quadro 23). No entanto, nenhuma destas relações atingiu o nível de significância.

4.3.5.1 Ni permutável

O Ni permutável foi correlacionado de forma não significativa com todas as propriedades (Quadro 23). Apresentou uma correlação positiva com o pH, o carbono orgânico, a capacidade de troca catiónica e o teor de argila e uma correlação negativa com o carbonato de cálcio.

4.3.5.2 Ni ligado a carbonatos

Um olhar sobre os resultados (Tabela 23) revela que o Ni ligado ao carbonato estava correlacionado de forma não significativa e positiva com o carbono orgânico, carbonato de cálcio, capacidade de troca catiónica e teor de argila e de forma não significativa e negativa com o pH.

4.3.5.3 Ni ligado a óxido

Revela-se que o Ni ligado a óxidos teve uma correlação positiva e significativa com o pH ($r = 0{,}367^*$) (Quadro 23). Foi significativa e negativamente correlacionado com o carbono orgânico ($r = -0{,}39^{**}$), de forma não significativa e positiva com o carbonato de cálcio e de forma não significativa e negativa com a capacidade de troca catiónica e o teor de argila. A equação 16 no Quadro 26 representou 25,2 por cento dos

Quadro 23: Coeficientes de correlação entre as diferentes fracções de níquel e as propriedades do solo

	Water soluble	Exchangeable	Carbonate bound	Oxide bound	Organic bound	Residual	Total
pH	0.232	0.111	-0.009	0.367^*	-0.210	-0.006	0.003
OC	-0.148	0.140	0.236	-0.390^{**}	0.431^{**}	0.128	0.163
CaCO$_3$	0.241	-0.006	0.216	0.116	0.010	-0.132	0.008
CEC	-0.007	0.105	0.146	-0.005	0.162	0.189	0.245
Clay	-0.001	0.136	0.001	-0.007	0.253	0.151	0.217

* Correlation is significant at the 0.05 level

** Correlation is significant at the 0.01 level

A variabilidade do Ni ligado ao óxido devido à influência combinada do pH, do carbono orgânico, do carbonato de cálcio, da capacidade de troca catiónica e do teor de argila e R foi significativa.

4.3.5.4 Ni ligado a orgânicos

Uma análise dos resultados apresentados no Quadro 23 revela que apenas o Ni ligado a orgânicos teve uma correlação positiva significativa com o carbono orgânico (r = 0,431**). Foi negativamente correlacionado com o pH e apresentou uma correlação positiva com o carbonato de cálcio, a capacidade de troca catiónica e o teor de argila. A equação 17 do quadro 26 explica 25,9 % da variabilidade do Ni ligado à matéria orgânica devido à influência combinada do pH, do carbono orgânico, do carbonato de cálcio, da capacidade de troca catiónica e do teor de argila, e R foi significativo.

4.3.5.5 Ni residual

Os resultados apresentados na Tabela 23 mostram que o Ni residual teve uma correlação positiva com o carbono orgânico, a capacidade de troca catiónica e o teor de argila. Apresentou uma correlação negativa com o pH e o carbonato de cálcio, mas todos os coeficientes de correlação não foram significativos.

4.3.6 Influência das propriedades do solo nas fracções químicas do cádmio (Cd) 4.3.6.1 Cd ligado a óxidos

Os resultados (Quadro 24) mostram que o Cd ligado a óxidos estava correlacionado de forma não significativa com todas as propriedades do solo. Apresentou uma correlação positiva com o carbono orgânico, o carbonato de cálcio e a capacidade de troca catiónica e uma correlação negativa com o carbono orgânico e o teor de argila.

4.3.6.2 Cd residual

Os resultados (Quadro 24) mostraram que a fração residual de Cd tinha uma correlação não significativa com todas as propriedades. Apresentou uma correlação positiva com o carbono orgânico e a capacidade de troca catiónica e uma correlação negativa com o pH, o carbonato de cálcio e o teor de argila.

Tabela 24 : Coeficientes de correlação entre as diferentes fracções de cádmio e as propriedades do solo

	Water soluble	Exchangeable	Carbonate bound	Oxide bound	Organic bound	Residual	Total
pH	-	-	-	-0.007	-	-0.143	-0.009
OC	-	-	-	0.228	-	0.270	0.244
CaCO₃	-	-	-	0.137	-	-0.001	0.109
CEC	-	-	-	0.005	-	0.004	0.005
Clay	-	-	-	-0.002	-	-0.009	-0.004

* Correlation is significant at the 0.05 level
** Correlation is significant at the 0.01 level

4.3.7 Influência das propriedades do solo nas fracções químicas do chumbo (Pb) 4.3.7.1 Pb permutável

Uma análise dos resultados apresentados no Quadro 25 indica a existência de uma associação negativa e não significativa do Pb permutável com o carbono orgânico, o carbonato de cálcio, a capacidade de troca catiónica e o teor de argila e uma associação positiva e não significativa com o pH.

4.3.7.1 Pb ligado a carbonatos

Os resultados (Quadro 25) revelaram um efeito significativo do pH (r = **0,366**[*]) e do teor de carbonato de cálcio (r = **0,526**[**]) no Pb ligado ao carbonato. Verificou-se uma correlação negativa não significativa com o carbono orgânico e uma correlação positiva não significativa com a capacidade de troca catiónica e o teor de argila. A equação 18 do Quadro 26 explica 32,7% da variabilidade do teor de Pb ligado ao carbonato devido à influência combinada do pH, do carbono orgânico, do carbonato de cálcio, da capacidade de troca catiónica e do teor de argila, e R foi significativo.

4.3.7.2 Pb ligado a óxido

O Pb ligado ao óxido teve uma correlação não significativa com todas as propriedades do solo (Quadro 25). Apresentou uma correlação positiva com o pH e o carbono orgânico e negativa com o carbonato de cálcio, a capacidade de troca catiónica e o teor de argila.

4.3.7.3 Pb ligado a orgânicos

Os dados mostram que o Pb de ligação orgânica teve uma correlação não significativa com todas as propriedades do solo (Quadro 25). Apresentou coeficientes de correlação negativos com o carbono orgânico, o carbonato de cálcio, a capacidade de troca catiónica e o teor de argila e um coeficiente de correlação positivo com o pH.

4.3.7.4 Fração residual Pb

A fração residual de Pb foi correlacionada de forma não significativa com todas as propriedades do solo (Quadro 25).

Tabela 25: Coeficientes de correlação entre as diferentes fracções de chumbo e as propriedades do solo

	Water soluble	Exchangeable	Carbonate bound	Oxide bound	Organic bound	Residual	Total
pH	-	0.251	0.366^*	0.214	0.008	-0.008	0.107
OC	-	-0.161	-0.137	0.004	-0.010	-0.009	-0.009
$CaCO_3$	-	-0.107	0.526^{**}	-0.004	-0.003	0.007	0.170
CEC	-	-0.008	0.001	0.003	-0.010	0.007	0.003
Clay	-	-0.003	0.106	-0.104	-0.189	0.007	0.006

* Correlation is significant at the 0.05 level

** Correlation is significant at the 0.01 level

Quadro 26 : Modelos de regressão das fracções químicas dos microelementos com as propriedades do solo

1.	W S (Zn) = 3.933-0.441(pH) + 0.356 (OC) + 0.022 (CaCO$_3$) + 0.181(CEC)-0.233 (Clay)	$R^2 = 0.436*$
2.	EX (Zn) = 3.867-0.424(pH) + 0.184 (OC)-0.093 (CaCO$_3$) + 0.291 (CEC)-0.108 (Clay)	$R^2 = 0.367*$
3.	CB (Zn) = -1.262 + 0.280(pH)-0.072 (OC) + 0.663 (CaCO$_3$) + 0.007 (CEC) + 0.005 (Clay)	$R^2 = 0.662*$
4.	OX (Zn) = 14.060-0 .478(pH) + 0.155(OC) + 0.295 (CaCO$_3$)-0.293 (CEC)-0.273 (Clay)	$R^2 = 0.338*$
5.	ORG (Zn) = 4.130-0.121 (pH) + 0.665 (OC)-0.204 (CaCO$_3$)-0.195 (CEC) + 0.197 (Clay)	$R^2 = 0.547*$
6.	RES (Zn) = 20.353 + 0.476 (pH)-0.123 (OC) + 0.214 (CaCO$_3$) + 0.152 (CEC)-0.058 (Clay)	$R^2 = 0.434*$
7.	WS (Fe) = 39.369-0.589(pH) + 0.378 (OC)-0.045 (CaCO$_3$)-0.387 (CEC) + 0.068 (Clay)	$R^2 = 0.641*$
8.	EX (Fe) = 22.124-0.524 (pH) + 0.280 (OC)-0.043 (CaCO$_3$) + 0.192 (CEC)-0.115 (Clay)	$R^2 = 0.481*$
9.	CB (Fe) = 194.435-0.564 (pH) + 0.156 (OC) + 0.130 (CaCO$_3$)-0.173 (CEC) + 0.065 (Clay)	$R^2 = 0.367*$
10.	ORG (Fe) = 463.983-0.337(pH) + 0.417 (OC) + 0.104 (CaCO$_3$)-0.065 (CEC)-0.192 (Clay)	$R^2 = 0.390*$
11.	RES (Fe) = 715.707 + 0 .052(pH)-0.278 (OC)-0.230 (CaCO$_3$) + 0.667 (CEC)-0.077 (Clay)	$R^2 = 0.327*$
12.	WS (Cu) = 4.982-0.589 (pH) + 0.130 (OC) + 0.157 (CaCO$_3$) + 0.095 (CEC)-0.224 (Clay)	$R^2 = 0.387*$
13.	CB (Cu) = 1.207 + 0.115(pH)-0.128 (OC) + 0.317 (CaCO$_3$)-0.426 (CEC)-0.274 (Clay)	$R^2 = 0.302*$
14.	ORG (Cu) = 7.374-0.136 (pH) + 0.551 (OC) + 0.088 (CaCO$_3$)-0.193 (CEC)-0.037 (Clay)	$R^2 = 0.270*$
15.	WS (Mn) = 7.206-0.481 (pH) + 0.217 (OC) + 0.080 (CaCO$_3$)-0.244 (CEC)-0.164 (Clay)	$R^2 = 0.408*$
16.	OX (Ni) = 4.763 + 0.242 (pH)-0.417 (OC) + 0.027 (CaCO$_3$)-0.223 (CEC)-0.099 (Clay)	$R^2 = 0.252*$
17.	ORG (Ni) = 5.413-0.146 (pH) + 0.439 (OC) + 0.137 (CaCO$_3$)-0.244 (CEC) + 0.258 (Clay)	$R^2 = 0.259*$
18.	CB (Pb) = 3.255 + 0.199 (pH)-0.080 (OC) + 0.448 (CaCO$_3$)-0.030 (CEC) + 0.080 (Clay)	$R^2 = 0.327*$

*Correlations are significant at the 0.05 level

Capítulo 5

DISCUSSÃO

Os resultados experimentais da investigação "Fracionamento de metais pesados utilizando um esquema de extração sequencial" são apresentados no capítulo anterior e discutidos aqui em títulos adequados, fornecendo uma fundamentação à luz da literatura disponível.

5.1   Características físico-químicas dos solos

5.2   Fracções químicas de microelementos nos solos

5.3   Relação das fracções de microelementos com as propriedades do solo

5.4   **Características físico-químicas dos solos**

5.4.1   **Distribuição granulométrica (textura do solo)**

A distribuição do tamanho das partículas é um fator determinante para avaliar o poder de fornecimento de nutrientes, o arejamento e a drenagem dos solos. Muitos investigadores (Mantovi *et al.*, 2003; François *et al.*, 2004) sugeriram que a finura ou a aspereza de um solo regula o nível e a disponibilidade de nutrientes para as plantas, incluindo microelementos.

A distribuição das várias fracções do solo (areia, silte e argila) revela que a percentagem de areia grossa variou de 2,0 a 7,8%, com um valor médio de 2,8% nas amostras de solo recolhidas em vários distritos dos Himalaias de Caxemira (Quadro 2). A fração de areia fina variou de 15,8 a 52,7%, com uma média global de 41,6%. O teor de silte variou de 9,6 a 44,8%, com uma média de 25,5%. O teor de argila variou de 21,9 a 40,6%, com uma média de 30,0%. Os solos de todos os locais são de textura fina, o que se deve à sua natureza aluvial. Handoo (1983) observou que os solos da Caxemira são de textura argilosa e argilosa siltosa. Dandroo (2001) e Wani *et al.* (2010) também registaram um tipo de resultados semelhantes.

Mahapatra *et al.* (2000), ao trabalharem com os solos da Caxemira, concluíram que a altitude e o relevo têm uma influência significativa em propriedades como a textura, a estrutura, a consistência, etc. Este facto é corroborado pelas conclusões de Wani (2000) e Wani *et al.* (2010).

5.4.2   **pH (reação do solo)**

É evidente, a partir dos resultados apresentados no Quadro 3, que os solos de todos os distritos têm uma reação ácida a neutra, com um pH que varia entre 4,5 e 7,6, sendo o valor médio de 6,3. O baixo pH observado em alguns solos pode ser atribuído à lixiviação de sais solúveis e ao maior teor de matéria orgânica que faz baixar o pH através da libertação de ácidos orgânicos. Jalali *et al.* (1989) verificaram que o pH variava entre 6,4 e 6,7, 7,6 e 7,8 e 6,8 e 7,1 em solos de altitude, Kerawa e da bacia do vale de Caxemira, respetivamente. Bhat (2009) observou um intervalo de pH de 4,8 a 7,4 em solos de Caxemira sob diferentes sequências de culturas

5.4.3   Carbono orgânico (CO)

O teor de carbono orgânico variou de 0,9 a 5,2%, com uma média de 1,9%. Esta constatação é apoiada por Kaistha *et al.* (1990) que registaram um teor de carbono orgânico de 3,5% na região ocidental dos Himalaias. Mahapatra *et al.* (2000) observaram um teor de carbono orgânico de 0,2 a 1,6% em alguns perfis de solo do vale de Caxemira. Najar (2002) verificou que o teor de carbono orgânico variava de 1,4 a 2,4, 0,9 a 1,8 e 0,52 a 1,2% em solos de pomar de alta altitude, de Karewa e da bacia do vale de Caxemira, respetivamente. Wani *et al.* (2010) registaram um teor de carbono orgânico de 1,1 a 2,6% em solos de cultivo de arroz dos Himalaias menores. Nos solos de Anantnag, foi registado um teor mais elevado de carbono orgânico, o que pode dever-se à vegetação florestal associada a pastagens neste distrito.

5.4.4   Carbonato de cálcio (CaCO3)

O teor de carbonato de cálcio variou entre 0,00 e 4,9%, com um valor médio de 0,2%. O baixo teor global de carbonato de cálcio nos solos superficiais pode ser atribuído à lixiviação do carbonato de cálcio para os horizontes sub-superficiais. Jalali *et al.* (1989) registaram um teor máximo de carbonato de cálcio de 10,82% em Kerawa e de 1,47% nos solos da bacia do vale de Caxemira. Najar (2002) referiu que o teor de carbonato de cálcio variava entre 0,4 e 4,80, 3,7 e 7,8 e 0,15 e 3,50% nos solos de altitude, de Karewa e da bacia do vale, respetivamente. Esta constatação também está de acordo com o trabalho de Bhat (2009) e Wani *et al.* (2010), que também encontraram um baixo teor de carbonato de cálcio em solos superficiais dos Himalaias de Caxemira.

5.4.5   Capacidade de permuta catiónica (CEC)

A capacidade de troca catiónica (CEC) é uma medida da quantidade de locais de adsorção na superfície do solo que podem reter iões carregados positivamente por forças electrostáticas. É também definida como a capacidade dos colóides do solo para atrair e reter catiões. Os locais de troca catiónica encontram-se principalmente na argila e na matéria orgânica e uma maior capacidade de troca catiónica está associada a uma maior retenção de metais. O poder de fornecimento de nutrientes do solo depende muito da capacidade de troca catiónica e este fator é uma boa medida da disponibilidade de nutrientes e metais pesados, para além da sua influência nas propriedades físicas do solo.

Uma análise dos resultados no Quadro 3 revela que a capacidade de troca catiónica dos solos variou entre 8,1 e 23,1 cmolc kg^{-1} . Esta propriedade é considerada um importante fator de previsão da retenção e movimentação de metais (Udom *et al.*, 2004) e da capacidade de extração (Rieuwerts *et al.*, 2005) nos solos. A gama mais elevada de capacidade de troca catiónica em alguns solos pode dever-se a teores mais elevados de matéria orgânica e de argila. Wani *et al.* (2010) também registaram uma gama mais elevada de capacidade de troca catiónica em alguns solos, relacionando-a com os seus correspondentes níveis elevados de matéria orgânica e argila.

Os valores da capacidade de troca catiónica obtidos neste estudo foram superiores aos relatados (7,1 a 9,2 cmolc kg^{-1}) por Verma *et al.* (2005) em alguns solos de Caxemira, mas foram comparáveis aos relatados (13,80 a 22,89 cmolc kg^{-1}) por Wani *et al.* (2010) nos solos de cultivo de arroz dos Himalaias menores.

5.5 Fracções químicas de microelementos nos solos

Os micronutrientes estão presentes no solo em várias fracções químicas. Alguns estão firmemente fixados nos minerais primários e secundários silicatados e não silicatados ou em sais dificilmente solúveis e em compostos orgânicos e organominerais estáveis e outros estão fracamente ligados. Como tal, a compreensão das várias fracções de microelementos é importante para avaliar a sua porção disponível nos solos, uma vez que pequenas alterações na disponibilidade de metais e nas condições ambientais podem fazer com que estes elementos sejam tóxicos para as plantas e os animais (Banat, 2001). Os resultados que indicam as várias fracções de microelementos nos solos dos Himalaias da Caxemira são discutidos a seguir:

5.5.1 Fracções químicas do zinco (Zn)

5.5.1.1 Zn solúvel em água

O Zn solúvel em água obtido a partir da extração sequencial com base nos valores médios dos distritos seleccionados (Quadro 5, Fig. 1a) revela que variou de 0,00 a 4,10 mg kg^{-1} com uma média de 0,79 mg kg^{-1} . A quantidade de Zn solúvel em água nos solos da área de estudo é comparável à de Thind *et al.* (1990) que encontraram 0,04 a 0,56 mg kg^{-1} de Zn solúvel em água em solos alcalinos do Punjab. Ma (1997) verificou que esta fração variava entre 0,15 e 7,0 mg kg^{-1} em solos dos E.U.A. O zinco nesta fração é mais móvel e está facilmente disponível para absorção biológica no ambiente (Singh *et al.*, 2005; Zakir, 2008). Kumar e Babel (2011) referiram que o teor de Zn solúvel em água variava entre 0,25 e 1,00 mg kg^{-1} em solos de Orissa.

Jalali (1976) relatou que o Zn solúvel em água era mais elevado (0,11 mg kg^{-1}) em solos florestais do que em Karewa (0,04 mg kg^{-1}) e em solos de cinturão inferior (0,07 mg kg^{-1}) da Caxemira. Além disso, os resultados estão de acordo com as observações de Regmi *et al.* (2010), que descobriram que o Zn solúvel em água é igual a 0,32 e 0,36 mg kg^{-1} em agricultura convencional e 0,20 e 0,10 mg kg^{-1} em sistemas de agricultura biológica das áreas de Merredin e Dalwallinu da Austrália. A elevada quantidade de Zn solúvel em água nos solos de Anantnag pode ser explicada com base no baixo pH (5,9) e na elevada quantidade de carbono orgânico (3,29%).

5.5.1.2 Zn permutável

O teor de Zn permutável variou entre 0,10 e 4,18 mg kg^{-1} com o valor médio de 1,59 mg kg^{-1} nos solos em estudo (Quadro 5, Fig. 1a). Este valor foi duas vezes superior ao Zn solúvel em água. O zinco extraído nesta fração incluiria espécies de Zn fracamente absorvidas, particularmente as retidas na superfície do solo por interacções electrostáticas relativamente fracas e as que podem ser libertadas por processos de troca iónica. Os resultados estão mais ou menos de acordo com a literatura relatada por Minkina *et al.* (2008), que descobriram que o Zn permutável era de 0,40 mg kg^{-1} em solos de chernozem. Chen *et al.* (2009) referiram que nos solos da cidade de Pequim, na China, o Zn permutável era, em média, de 3,57 mg kg^{-1} . Ibrahim *et al.* (2011) relataram que o Zn disponível variou de 2,63 a 7,02 mg kg^{-1} em solos de Billiri.

A contribuição de 2,01% de Zn permutável para o Zn total corroborou os resultados de Zauyah *et al.* (2004), que relataram 2,4% de Zn na fração permutável, e Aydinalp *et al.* (2009), que observaram que o Zn permutável nos Ultisols cultivados do noroeste da Turquia era em média de 2,2%. As quantidades mais elevadas de Zn permutável nos solos de Anantnag podem ser atribuídas à elevada quantidade de carbono orgânico (3,29%) e ao baixo pH (5,96). Lindsay e Norvell (1978) confirmaram que a solubilidade do Zn na solução do solo aumenta 100 vezes por cada unidade de diminuição do pH.

5.5.1.3 Zn ligado a carbonatos

Os resultados apresentados no Quadro 5 e representados na Fig. 1a revelam que o Zn ligado aos carbonatos se situa entre 0,10 e 7,86 mg kg^{-1} , com um valor médio de 1,64 mg kg^{-1} nos solos estudados. Esta fração é relativamente estável (lentamente lábil, pouco lixiviável) e seria libertada dos carbonatos se as condições se tornassem ácidas. Os níveis muito baixos da fração carbonatada do Zn sugerem que este elemento não é co-precipitado pelo $CaCO_3$. Os resultados obtidos estão em concordância com os de Ma e Roa (1997), cujas conclusões mostraram que o Cu ligado ao carbonato era de 1,1 mg kg^{-1} no molissolo do Norte da China. Kumar e Babel (2011) verificaram que o teor de Zn ligado ao carbonato variava entre 1,0 e 4,5 mg kg^{-1} . Resultados semelhantes foram encontrados por Olubunmi (2010) e Guan *et al.* (2011).

5.5.1.4 Zn ligado a óxido

A forma de óxido de Zn muda com a variação do potencial redox, tornando-se mais solúvel em condições redutoras e menos solúvel em condições oxidantes. Como é evidente a partir dos resultados apresentados no Quadro 5 e na Fig. 1a, o Zn ligado a óxidos variou de

2,31 a 13,30 mg kg^{-1} com o valor médio de 6,68 mg kg^{-1} . Esta fração é a segunda forma predominante de Zn (a seguir ao resíduo) nos solos e pode ser atribuída ao mecanismo de difusão e estabilização dos óxidos de Zn, uma vez que se observa que os óxidos de Zn têm uma constante de estabilidade elevada (Ma e Rao, 1997). Os resultados actuais estão de acordo com os relatados por Singh *et al.* (1999), que referiram que os óxidos de Zn variavam entre 2,05 e 3,40 mg kg^{-1} em alguns solos vermelhos de cultivo de arroz da Índia. Wijebandara *et al.* (2007) verificaram que o Zn ligado a óxidos variava entre 2,18 e 7,65 mg kg^{-1} em solos de Gangavati taluk de Dharwad, com uma média de 4,53 mg kg^{-1} . Shober (2007) referiu que a fração redutível de Zn se situava na gama de 2,066,68 mg kg^{-1} em solos da Pensilvânia, EUA. Os resultados acima referidos estão também em conformidade com os relatórios de Pal *et al.* (1997), Alvarez *et al.* (2001), Bashir *et al.* (2007) e Chen *et al.* (2009).

A concentração de Zn nesta forma geoquímica constituiu 8,42% do Zn total, o que é bastante próximo de 7,08%, como também relatado por Kumar e Babel (2011) em solos de Orissa.

5.5.1.5 Zn ligado a orgânicos

Esta fração consiste principalmente em Zn complexado ou quelatado por materiais orgânicos, sintetizados recentemente ou resíduos resistentes do metabolismo microbiano. A fase orgânica é relativamente estável na natureza, mas pode ser mobilizada em condições de forte oxidação devido à degradação da matéria orgânica (Haung,

2007). A leitura dos resultados revelou que a quantidade de Zn na fração de ligação orgânica variava entre 2,11 e 9,59 mg kg^{-1} com o valor médio de 5,52 mg kg^{-1} (Quadro 5 e Fig. 1a). Wijebandara *et al.* (2007) obtiveram resultados mais ou menos semelhantes durante a sua investigação em solos de Dharwad.

A matéria orgânica desempenha um papel importante na distribuição e dispersão de microelementos através de mecanismos de quelação e troca catiónica. Hazra *et al.* (1993) referiram que, em solos vermelhos e lateríticos de Bengala Ocidental, o teor de Zn ligado organicamente variava entre 0,5 e 3,0 mg kg^{-1} . Bashir *et al.* (2007) também registaram 8,3 a 27,0 mg kg^{-1} de Zn ligado organicamente em solos de Lahore, Paquistão. Um tipo semelhante de associação de Zn com matéria orgânica foi observado por Kumar e Babel (2011), que verificaram que o teor de Zn nesta fração variava entre 0,45 e 3,89 mg kg^{-1} em solos de Orissa.

Esta fração de Zn era comparativamente mais elevada nos solos de Anantnag do que nos solos de outros distritos, o que pode dever-se a uma maior percentagem de matéria orgânica nestes solos. Do mesmo modo, os estudos de Prasad *et al.* (1995) e Randhawa e Singh (1995) revelaram que o teor mais elevado e mais baixo de Zn ligado organicamente nos solos aluviais de Punjab e nos antigos solos aluviais de cultivo de arroz do sul de Bihar se devia à maior quantidade de matéria orgânica nos primeiros e à menor quantidade nos últimos.

Hazra e Mandal (1996) também observaram que a fração de Zn ligado organicamente era comparativamente maior nos Inceptisols do que nos Alfisols de Bengala Ocidental, o que foi atribuído ao maior teor de matéria orgânica nos primeiros.

5.5.1.6 Zn residual

A concentração de Zn na fração residual variou entre 35,50 e 83,07 mg kg^{-1} com o valor médio de 64,27 mg kg^{-1} nos solos em estudo (Quadro 5 e Fig. 1a). Os resultados obtidos estão em sintonia com os valores de 36,97 a 69,72 mg kg^{-1} examinados por Shober (2007) nos solos dos EUA. Chen *et al.* (2009) relataram que nos solos da cidade de Pequim, na China, o Zn residual variou entre 39,18 e 48,29 mg kg^{-1} com uma média de 43,43 mg kg^{-1}. Além disso, estes resultados estão em consonância com as conclusões de Dhane e Shukla (1995), Bashir *et al.* (2007) e Minkina *et al.* (2008).

Esta fração constituiu a maior parte do Zn total, representando 81,08% do mesmo. A maior percentagem de Zn na fração residual indica provavelmente a sua maior tendência para se tornar indisponível no solo. Isto deve-se ao facto de a fração residual representar metais que estão em grande parte incorporados na matriz sedimentar e podem não estar disponíveis para remobilização, exceto em condições muito drásticas (Ma e Rao, 1997). A maior parte do Zn total na fração residual é também examinada por Zauyah *et al.* (2004), Jaradat *et al.* (2006), Han *et al.* (2007), Aydinalp *et al.* (2009) e Kamali *et al.* (2010).

5.5.2 Fracções químicas do ferro (Fe)

5.5.2.1 Fe solúvel em água

Com base nos dados do Quadro 7 e da Fig. 1b, verificou-se que o Fe solúvel em água variou de 0,00 a 19,92 mg kg^{-1} com um valor médio de 8,24 mg kg^{-1}. O Fe existe em quantidades mais elevadas na fração solúvel em água e deve-se provavelmente à reação ligeiramente ácida do solo nos solos estudados. Jalali (1976) referiu que o Fe solúvel em água era mais elevado (0,41 mg kg^{-1}) em solos florestais de Caxemira em comparação com Karewa (0,3 mg kg^{-1}) e solos de cinturão inferior (0,3 mg kg^{-1}). Razdan (1995) verificou que a quantidade de Fe solúvel em água variava de 0,00 a 1,00 mg kg^{-1} com um valor médio de 0,02 mg kg^{-1} nos solos de Ladakh. Sharma *et al.* (2005) indicaram que o Fe solúvel em água variava entre 3,10 e 30,5 mg kg^{-1} em Alfisols de Punjab, enquanto Osakwe (2012) também revelou que o Fe solúvel em água variava entre 0,001,28 mg kg^{-1} em solos do sudeste da Nigéria.

5.5.2.2 Fe permutável

Os valores médios de Fe trocável obtidos em diferentes distritos, conforme apresentado na Tabela 7 e na Fig. 1b, revelaram que o Fe nesta fração varia de 0,00 a 20,5 mg kg^{-1} com o valor médio de 5,87 mg kg^{-1}. O teor mais elevado desta fração pode ser atribuído a valores mais elevados de matéria orgânica e de pH ligeiramente ácido presentes no solo. Os resultados são consistentes com as conclusões de Razdan (1995), que concluiu que a quantidade de Fe permutável tem um valor médio de 0,08, 0,23, 0,12, 0,21 e 0,10 mg kg^{-1} nos blocos de Leh, Nobra, Nyoma, Khalsi e Durbug de Ladakh, respetivamente. Olubunmi (2010) verificou que o Fe permutável variava entre 2,04-46,02 mg kg^{-1} com um valor médio de 24,03 mg kg^{-1} nos solos de Agbabu, Nigéria. Ibrahim *et al.* (2011) confirmaram que o Fe disponível variou de 10,31 a 20,17 mg kg^{-1} em solos de Billiri.

5.5.2.3 Fe ligado a carbonatos

O resultado da Tabela 7 e representado na Fig. 1b mostra que o Fe ligado ao carbonato se situa entre 0,00 e 99,46 mg kg^{-1} com o valor médio de 42,57 mg kg^{-1}. Os metais vestigiais recuperados com a utilização de NaOAc 1 M ajustado a pH 5 estão associados a minerais de carbonato provavelmente biodisponíveis. Olubunmi (2010) referiu que o Fe ligado a carbonatos varia de 1,90 a 3,24 mg kg^{-1} com um valor médio de 2,69 mg kg^{-1} nos solos de Agbabu, Nigéria. Achi *et al.* (2011) registaram 20,5935,29 mg kg^{-1} de Fe ligado a carbonatos em solos da Nigéria. Jelic *et al.* (2011) referiram que, nos Vertisols da Sérvia, o Fe ligado ao carbonato era de 2,62 e 4,00 mg kg^{-1} em solos de campo e de prado, respetivamente;

Através do fracionamento em solos dos Himalaias de Caxemira, verificou-se que 1,95% do Fe estava na fração ligada ao carbonato. Resultados semelhantes foram encontrados por Wang *et al.* (2010), que descobriram que apenas uma pequena fração de Fe, aproximadamente 1,3-2,1%, estava associada a minerais de carbonato.

5.5.2.4 Fe ligado a óxidos

Os resultados da especiação de microelementos apresentados na Tabela 7 e na Fig. 1b revelaram que o Fe ligado ao óxido variou de 231,60 a 476,30 mg kg^{-1} com o valor médio de 390,08 mg kg^{-1}. A associação de uma maior concentração de Fe a esta fração é causada pela adsorção deste metal pela superfície mineral Fe-Mn (Purushothaman e Chakrapani, 2007). A extensão e a intensidade deste processo variam em função de vários factores associados à dinâmica do oxigénio no solo. Os metais associados aos minerais de óxido são susceptíveis de ser libertados em condições redutoras. A dissolução redutiva dos minerais de óxido ocorre a Eh < ~+250 mV para óxidos de manganês e +100 mV para óxidos de ferro. Mudanças relativamente pequenas em Rh para condições redutoras causariam a redução das espécies de óxido de ferro e manganês. Isto causará a dissolução dos minerais de óxido de ferro e de manganês, permitindo assim a libertação dos metais associados (Ma e Roa , 1997).

Os resultados obtidos estão de acordo com as conclusões de Olubunmi (2010), que relatou que o Fe ligado a óxidos varia de 337-803,8 mg kg^{-1} com um valor médio de 479,55 mg kg^{-1} nos solos de Agbabu. A percentagem média de Fe nesta fração é de 17,87% e está de acordo com o valor de 12,95-32,66% por Adaikpoh (2011).

5.5.2.5 Fe ligado a orgânicos

Como apresentado na Tabela 7 e na Fig. 1b, o Fe ligado à matéria orgânica variou de 122,50 a 570,29 mg kg^{-1} com o valor médio de 372,98 mg kg^{-1} . A preferência do Fe pela matéria orgânica é apoiada pela elevada constante de estabilidade dos complexos de Fe com a matéria orgânica (Gonzalez *et al.*, 1994). A quantidade de Fe solúvel em água nos solos dos Himalaias menores é comparável à de Olubunmi (2010), que referiu que o Fe ligado à matéria orgânica varia entre 239,5-1149 mg kg^{-1} com um valor médio de 569,00 mg kg^{-1} nos solos de Agbabu, Nigéria. Jelic *et al.* (2011) também registaram 221 e 231 mg kg^{-1} de Fe na fração de ligação orgânica em Vertissolos de campo e de prado da Sérvia, respetivamente. A fração orgânica dos metais não é considerada muito móvel ou disponível devido à sua associação com substâncias húmicas estáveis de elevado peso molecular. Além disso, os resultados estão de acordo com as observações de Osakwe (2012), que revelou que o Fe ligado à fração orgânica variava entre 58,7 e 140,3 mg kg^{-1} em solos do sudeste da Nigéria.

Enquanto a fração orgânica de Fe nos solos de topo atingiu 17,09%, o que sugere que o Fe foi mais facilmente absorvido pela matéria orgânica. Adaikpoh (2011) também referiu que a média de Fe ligado à matéria orgânica era de 28,27-44,39% nos solos da Nigéria.

5.5.2.6 Fe residual

No presente estudo, verificou-se que o Fe está principalmente associado à fração residual (Quadro 7, Fig. 1b) e varia entre 792,00 e 1799 mg kg^{-1} com o valor médio de 1362 mg kg^{-1} . Esta fração constituiu a maior parte do Fe total e contribuiu com 62,44% do Fe total. Desde então, acredita-se que o Fe está ocluído dentro dos silicatos da rede cristalina e dos minerais de óxido bem cristalizados (Horsfall e Spiff, 2005). Soumare *et al.* (2003) encontraram a maior quantidade de Fe extraído em todos os solos na fração residual (75 a 87%) em alguns solos da África Ocidental. Os metais nas formas residuais não estão disponíveis para o biota, uma vez que se considera que estão contidos na matriz mineral (Chaudhary *et al.*, 2008). Han *et al.* (2007) também relataram uma tendência semelhante, constituindo 50-60% do Fe total na fração residual estável em Vertisols seleccionados. Olubunmi (2010) observou que o Fe residual variava entre 767 e 3686 mg kg^{-1} do Fe total nos solos de Agbabu, na Nigéria. Osakwe (2012) também registou uma tendência semelhante no Fe residual, constituindo 993 a 1462 mg kg^{-1} em solos do sudeste da Nigéria.

5.5.3 Fracções químicas do cobre (Cu)

5.5.3.1 Cu solúvel em água

Para os vários locais (Tabela 9 e Fig. 1c), o conteúdo fraccional de Cu solúvel em água variou de 0,82 a 3,20 mg kg^{-1} com o valor médio de 1,91 mg kg^{-1} . A baixa percentagem de Cu na fração solúvel em água pode dever-se à sua elevada estabilidade em complexos Cu-orgânicos, à imobilização causada por carbonatos através do fornecimento de uma superfície adsorvente/nucleante (Ramos *et al.*, 1994) e ao efeito de eliminação dos óxidos de Fe/Mn. Os resultados actuais corroboram as conclusões de Sharma *et al.* (2005), que registaram 0,30 a 2,58 mg kg^{-1} de Cu solúvel em água em Alfisols do Punjab. Kumar e Babel (2011) referiram que o Cu permutável variava entre 0,25-2,0 mg kg^{-1} nos solos de Orissa. Perveen *et al.* (1993), ao estudarem o estado dos micronutrientes de 30 séries de solos do Paquistão, revelaram que o Cu solúvel em água variava entre 0,51 e 7,92 mg kg^{-1} .

5.5.3.2 Cu permutável

É evidente a partir dos resultados apresentados na Tabela 9 e na Fig. 1c que o Cu nesta fração variou de 0,50 a 4,04 mg kg^{-1} com o valor médio de 2,25 mg kg^{-1} . A percentagem de Cu nesta fração foi baixa. Estes resultados confirmam uma elevada capacidade de adsorção de Cu nos solos (Atanossova e Okazaki, 1997) e estão de acordo com Msaky e Calvet (1990) que observaram uma adsorção completa do Cu adicionado ao solo, mesmo a pH baixo. Os metais com electronegatividades mais elevadas formam ligações covalentes mais fortes com os átomos de oxigénio dos minerais e, por conseguinte, são preferencialmente adsorvidos a eles. Os valores de eletronegatividade de 1,90 para o Cu, 1,65 para o Zn e 1,55 para o Mn explicam a maior seletividade dos minerais do solo para o Cu e a elevada histerese de adsorção deste elemento no solo em relação a outros metais (McBride, 1995).

Os resultados acima estão em estreita conformidade com os de Holmgren *et al.* (1993), que descobriram que o Cu permutável variava entre 0,30 e 4,95 mg kg^{-1} em solos agrícolas, enquanto Ma e Roa (1997) descobriram que o Cu permutável variava entre 0,5 e 3,0 mg kg^{-1} em solos dos EUA. Gondek (2006) revelou que o Cu permutável era de 0,17 a 2,64 mg kg^{-1} em solos da Polónia. Chen *et al.* (2009) registaram um teor de Cu permutável de 0,52 mg kg^{-1} em solos de Pequim, na China.

Espera-se que o Cu seja sorvido através de Al OH em óxidos de alumínio e seja especificamente adsorvido, possivelmente através de estruturas bidentadas, em alofano e imogolita (Clark e McBride, 1984). A formação de ligações com a coordenação direta do Cu e o oxigénio funcional das substâncias orgânicas ocorre frequentemente, o que depende muitas vezes do pH do solo (Kabata-Pendias, 2001). O principal mecanismo de sorção do Cu permutável é a adsorção na esfera interna. Prevê-se que a retenção de Cu nos solos se efectue através da adsorção específica de Cu^{2+} e CuOH^{+} na maioria dos grupos funcionais (Agbenin e Olojo, 2004).

A percentagem média de Cu nesta fração foi de 5,14% e está de acordo com os resultados de Aydinalp *et al.* (2009) que encontraram 4,7% de Cu na fração permutável em Inceptisols cultivados da Turquia.

5.5.3.3 Cu ligado a carbonatos

A precipitação de Cu ocorre através da retenção de Cu pelo carbonato de cálcio, formando hidróxido de Cu e precipitados de carbonato (Rodriguez-Rubio *et al.*, 2003). Os resultados apresentados na Tabela 9 e na Fig. 1c revelaram que o Cu ligado ao carbonato variou de 0,20 a 3,22 mg kg^{-1} com uma média de 1,57 mg kg^{-1}. Resultados semelhantes foram registados por Minkina *et al.* (2008), que relataram 1,7 mg kg^{-1} de Cu ligado a carbonatos em solos de chernozem. Os resultados também estão de acordo com as conclusões de Ma e Roa (1997), Chen *et al.* (2009), Olubunmi (2010) e Guan *et al.* (2011).

A contribuição média desta fração foi de 3,58% para o Cu total e está de acordo com os resultados de Guerra *et al.* (2007) que encontraram 3,5% deste metal na forma de carbonato em ultisolos do Chile e 3,00 a 7,74% por Adaikpoh (2011) em solos da Nigéria.

5.5.3.4 Cu ligado a óxido

O teor geofraccionário médio de Cu nesta forma no Quadro 9 e na Fig. 1c variou de 1,10 a 7,60 mg kg^{-1} com um valor médio de 3,63 mg kg^{-1}. As fracções ligadas ao ferro redutível e ao óxido de manganês são conhecidas por serem mais importantes para controlar a mobilidade e a biodisponibilidade do Cu (Bhattacharyya *et al.*, 2006). Vega *et al.* (2007) confirmaram que, embora a matéria orgânica seja o principal componente que afecta a sorção de Cu, especialmente a pH neutro, os óxidos controlam a adsorção a pH mais baixo. Gondek (2006) referiu que a ligação orgânica do Cu era de 2,63 a 41,07 mg kg^{-1} em solos da Polónia. Shober (2007) indicou que a fração redutível de Cu se situava entre 0,49 e 3,92 mg kg^{-1}. Kumar e Babel (2011) verificaram que o teor de Cu ligado ao ferro amorfo e ao óxido de alumúnio variava entre 3,5-11,49 mg kg^{-1} em solos de Orissa.

Através do fracionamento, foi determinado que 8,28% do Cu total estava na fração ligada a óxidos. Guerra *et al.* (2007) relataram 7% de Cu na fração ligada ao carbonato em molissolos. Uma boa percentagem de Cu nesta fração implica que o Cu é especialmente fácil de ser absorvido e imobilizado por partículas de oxihidróxido de ferro e manganês (Chen *et al.*, 2009). Williams *et al.* (2003) e Aydinalp *et al.* (2009) também registaram resultados semelhantes.

5.5.3.5 Cu ligado a orgânicos

Os resultados apresentados no Quadro 9 e na Fig. 1c revelaram que o Cu ligado à matéria orgânica variava entre 1,78 e 8,75 mg kg^{-1} com uma média de 5,58 mg kg^{-1}. A ordem provável da força de ligação dos iões metálicos à matéria orgânica é Cu > Pb > Zn > Ni (Jonasson *et al.*, 1976). O teor relativamente mais elevado de Cu nesta fração nos solos dos Himalaias inferiores pode ser atribuído à sua maior afinidade com a matéria orgânica (Chlopecka *et al.*, 1996). A preferência do Cu pela matéria orgânica é apoiada pela elevada constante de estabilidade dos complexos de Cu com a matéria orgânica (Ramos *et al.*, 1999).

Gondek (2006) verificou que esta forma de Cu era de 1,72 a 26,98 mg kg^{-1} em solos da Polónia. A degradação da matéria orgânica em condições oxidantes pode levar à libertação de metais solúveis ligados a esta fração (Purushothaman e Chakrapani, 2007). Minkina *et al.* (2008) observaram um teor de Cu ligado à matéria orgânica de 4,2 mg kg^{-1} em solos de chernozem da Rússia. Olubunmi (2010) verificou que esta forma de Cu era de 4,06 a 38,68 mg kg^{-1} em solos da Nigéria. Resultados mais ou menos semelhantes também foram encontrados por Kumar e Babel (2011), que relataram que o teor de Cu ligado a orgânicos variou de 0,5 a 5,00 mg kg^{-1} nos solos de Orissa. O padrão de distribuição entre diferentes fracções mostrou 12,72% de Cu na fração de ligação orgânica e observações semelhantes foram feitas por Williams *et al.* (2003), Arias *et al.* (2005) e Kumar e Babel (2011).

5.5.3.6 Cu residual

Os resultados apresentados no Quadro 9 e indicados na Fig. 1c revelaram que o Cu residual variou de 8,70 a 51,10 mg kg^{-1} com o valor médio de 28,91 mg kg^{-1} . Minkina *et al.* (2008) registaram um teor de Cu residual de 36,9 mg kg^{-1} em solos de chernozem, enquanto Kumar e Babel (2011) registaram 3,5-11,49 mg kg^{-1} nos solos de Orissa. Resultados semelhantes foram encontrados por Gondek *et al.* (2006), Shober (2007), Chen *et al.* (2009) e Olubunmi (2010).

No presente estudo, cerca de 66% do Cu no solo foi encontrado na fração residual. A maior percentagem de Cu na fração residual explica a sua origem litogénica (Xuelu *et al.*, 2008) e pode indicar que o Cu tem uma maior capacidade de se associar às estruturas cristalinas dos minerais (Nemati *et al.*, 2009). Guerra *et al.* (2007) relataram que o Cu residual era 63% do Cu total em molissolos. Os resultados também estão em conformidade com as conclusões de Minkina *et al.* (2008) e Adaikpoh (2011).

5.5.4 Fracções químicas do manganês (Mn)

5.5.4.1 Mn solúvel em água

A distribuição de Mn em amostras de solo recolhidas em nove distritos (Quadro 11, Fig. 1d) mostrou que o Mn solúvel em água variou de 0,00 a 3,42 mg kg^{-1} com o valor médio de 1,19 mg kg^{-1} . Jalali (1976) referiu que o Mn solúvel em água era mais elevado (0,44 mg kg^{-1}) nos solos florestais do que em Karewa (0,21 mg kg^{-1}) e nos solos da cintura inferior (0,21 mg kg^{-1}) de Caxemira. Os resultados são coerentes com os de Gondek (2006), que registou 0,28-4,3 mg kg^{-1} de Mn na fração solúvel em água em solos da Polónia.

5.5.4.2 Mn permutável

A partir dos resultados relativos ao Mn permutável obtidos em diferentes locais, conforme apresentado no Quadro 11 e representado na Fig. 1d, verifica-se que esta fração química de Mn variou entre 3,09 e 21,38 mg kg^{-1} com o valor médio de 9,91 mg kg^{-1} . Os teores eram comparáveis aos registados por Jalali (1976), que observou 2,6, 8,5 e 7,2 mg kg^{-1} de Mn permutável na bacia do vale, em Karewa e em solos de Kandi de elevada altitude de Caxemira, mas superiores às observações de Razdan (1995), cujos resultados mostraram 0,90,

1,98, 1,45, 1,30, 1,81 mg kg^{-1} de Mn permutável nos respectivos blocos de Leh, Nobra, Nyoma, Khalsi e Durbug de Ladakh. Na literatura encontram-se frequentemente teores de Mn permutável mais elevados ou mais baixos em solos superficiais do que os presentes resultados (Perveen *et al.*, 1993; Nikola *et al.*, 2001; Alvarez *et al.*, 2006; Bashir *et al.*, 2007 e Olubunmi, 2010). Foi determinado que 4,72% do Mn estava na fração permutável e resultados semelhantes foram encontrados por Adaikpoh (2011) em solos da Nigéria.

5.5.4.3 Mn ligado a carbonatos

A quantidade de Mn na fração ligada ao carbonato variou entre 0,64 e 32,92 mg kg^{-1} com uma média de 14,32 mg kg^{-1} , contribuindo com 4,78% para o Mn total. (Tabela 11, Fig. 1d). Uma vez que o carbonato de cálcio actua como um forte absorvente de metais pesados e pode complexar-se como sais duplos como $CaCO_3.MCO_3$ (Ramos *et al.*, 1994), isto poderia atribuir o teor mais elevado de Mn na fração de carbonato em relação às fracções solúveis em água e permutáveis. Bashir *et al.* (2007) verificaram que o Mn ligado ao carbonato variava entre 12,5 e 19,0 mg kg^{-1} nos solos de Lahore, Paquistão. Os valores também estão de acordo com os de Olubunmi (2010), que referiu que o Mn ligado ao carbonato variava entre 3,96-9,42 mg kg^{-1} com um valor médio de 6,47 mg kg^{-1} no solo da Nigéria. Adaikpoh (2011) encontrou 6,21-18,04% de Mn na fração carbonatada, mas um valor relativamente mais elevado (46-54%) foi registado por Wang *et al.* (2010) em solos do nordeste da China. Os valores de Mn na fração carbonatada, de acordo com o presente estudo, indicam a menor importância desta fração no controlo da retenção e libertação de Mn nos solos. É provável que os solos investigados não sejam tão calcários por natureza.

5.5.4.4 Mn ligado a óxidos

É revelado que o Mn ligado a óxidos variou de 11,43 a 264,4 mg kg^{-1} com o valor médio de 113,68 mg kg^{-1} (Quadro 11, Fig. 1d). Esta fração constituiu uma parte importante do Mn total (38%) nos solos. O teor mais elevado desta fração pode ser atribuído à maior afinidade do Mn com os óxidos, uma vez que em solos bem drenados a pH (acima de 6) grande parte do manganês existe como óxidos de manganês (Moja, 2007).

No entanto, quando os solos ficam encharcados durante 2 ou 3 dias, o oxigénio perde-se do solo e os microrganismos utilizam o oxigénio quimicamente combinado nos óxidos de manganês e de ferro para as suas necessidades respiratórias. Este processo liberta o manganês da forma não disponível (MnO_2) para a forma disponível (Mn^{2+}) e aumenta a reserva de manganês disponível no solo (Sims, 1986). Assim, a humidade excessiva e a matéria orgânica facilmente disponível (proveniente de culturas de adubação verde) conduzem a níveis elevados de manganês disponível no solo através da redução dos óxidos de manganês. Moja (2007) relatou 195,9 mg kg^{-1} de Mn na fração ligada ao óxido. Sharma e Mukherjee (2011) referiram que o Mn adsorvido em superfícies de óxido variava entre 28-173 mg kg^{-1} em solos de zonas áridas do Punjab. Observações semelhantes foram também registadas por Nikola *et al.* (2001), Obrado *et al.* (2006), Olubunmi (2010) e Adaikpoh (2011).

5.5.4.5 Mn ligado a orgânicos

Os resultados da especiação (Quadro 11, Fig. 1d) indicam que o Mn ligado aos orgânicos variou entre 1,64-75,92 mg kg^{-1} com um valor médio de 24,27 mg kg^{-1} . Os microelementos com elevada abundância na fase ligada aos orgânicos estão mais disponíveis do que na fração residual. O presente estudo corrobora as conclusões de Sharma e Mukherjee (2011), que referiram que o Mn ligado a sítios orgânicos variava entre 14 e 56 mg kg^{-1} em solos de zonas áridas do Punjab. Resultados mais ou menos semelhantes foram encontrados por Bashir *et al.* (2007) e Olubunmi (2010).

5.5.4.6 Mn residual

O presente estudo revela que o Mn estava sobretudo associado à fração residual e variava entre 25,3 e 318,8 mg kg^{-1} com o valor médio de 121,9 mg kg^{-1} , o que constitui cerca de 42% do Mn total (Quadro 11, Fig. 1d). Resultados paralelos foram encontrados por Nikola *et al.* (2001) que registaram 27,18 mg kg^{-1} do Mn residual em solos serpentinos da Sérvia. Obrado *et al.* (2006) encontraram 44,3% de Mn na fração residual em solos agrícolas ácidos a neutros. Resultados mais ou menos semelhantes foram registados por Soumare *et al.* (2003) e Adaikpoh (2011). Moja (2007) referiu que o Mn residual era de 908,7 mg kg^{-1} em alguns solos da África do Sul, enquanto Olubunmi (2010) referiu 27,40 mg kg^{-1} de Mn na fração residual em solos de Agbabu, Nigéria.

5.5.5 Fracções químicas do níquel (Ni)

5.5.5.1 Ni solúvel em água

Um exame dos resultados apresentados na Tabela 13 e representados na Fig. 1e revelou que o Ni solúvel em água variou de 0,00 a 2,23 com o valor médio de 0,71 mg kg^{-1} . Confirma-se que, entre os diferentes compostos químicos de Ni, o NiCl é o mais solúvel em água; 553 g L^{-1} a 20° C para 880 g L^{-1} a 99,9° C. No entanto, o níquel adsorvido em partículas está fracamente ligado e pode ser facilmente dissolvido. Os sulfuretos de níquel são também considerados mais tóxicos do que outros compostos insolúveis de níquel devido ao seu potencial para se oxidarem e se tornarem solúveis. Os resultados do fracionamento de Shober (2007) mostraram que a proporção de Ni potencialmente biodisponível é bastante pequena. Osakwe (2012) relatou baixos níveis de Ni (0,03-0,13 mg kg^{-1}) na fração solúvel em água, enquanto valores relativamente mais elevados foram encontrados por Ma e Roa (1997) em solos dos EUA e Aydinalp *et al.* (2009) nos Vertisols da Sérvia.

5.5.5.2 Ni permutável

Como indicado nos resultados da Tabela 13 e da Fig. 1e, o Ni permutável variou de

1,32 a 6,34 com o valor médio de 3,75 mg kg⁻¹. O padrão de distribuição do Ni na fração permutável foi semelhante ao de Chen *et al.* (2009), que referiram que, nos solos da cidade de Pequim, na China, o Ni permutável variava entre 0,12 e 1,00 mg kg⁻¹ com um valor médio de 0,38 mg kg⁻¹. Olubunmi (2010) e Osakwe (2012) também registaram uma tendência semelhante durante os seus estudos em solos da Nigéria. Os resultados acima estão em concordância com os relatórios de Holmgren *et al.* (1993), Ma e Roa (1997) e Bansal (2008).

A percentagem de Ni na fração permutável é de 7,62 e está de acordo com o valor de 8% indicado por Aydinalp *et al.* (2009) em Ultisols do noroeste da Turquia. Resultados semelhantes foram mostrados por Guerra *et al.* (2007) e Osakwe (2012).

5.5.5.3 Ni ligado a carbonatos

O resultado na Tabela 13 e na Fig. 1e mostrou que o Ni ligado ao carbonato se situava entre 0,72 e 7,84 mg kg⁻¹ com o valor médio de 4,36 mg kg⁻¹. Estes resultados são apoiados por Olubunmi (2010) que registou 1,34-3,28 mg kg⁻¹ de Ni na forma de carbonato em solos de Agbabu, Nigéria. Estes resultados também estão de acordo com as conclusões de Guerra *et al.* (2007), Shober (2007) e Khurana e Bansal (2008).

No presente estudo, a fração carbonatada representou uma quantidade relativamente média da concentração total de Ni (9,0%). Este facto pode ser atribuído à natureza ligeiramente ácida dos solos (Kumar e Babel, 2011). O valor é inferior (16%) ao de Guerra *et al.* (2007), superior (0,13-6,42%) ao observado por Adaikpoh (2011) e comparável (10,47%) ao de Osakwe (2012).

5.5.5.4 Ni ligado a óxido

A concentração de níquel nesta fração (Tabela 13, Fig. 1e) variou de 3,27 a 17,06 mg kg⁻¹ com uma média de 9,96 mg kg⁻¹. É a segunda fração mais concentrada (20,25%), seguida da fração residual. Isto pode dever-se à capacidade das espécies Fe^{2+} e Fe^{3+} de eliminar metais da solução do solo que normalmente não precipitariam (Asagba *et al.*, 2007) e pode também dever-se à maior afinidade do Ni pela goetite e hematite (Singh e Gilkes, 1992). Som e Joshi (2002) quantificaram o grau de substituição na goetite numa laterite, encontrando rácios Ni:Fe que variam de cerca de 1:50 a 1:26. Singh *et al.* (2000) descobriram que até 6% de Ni pode substituir o ferro na estrutura da hematita.

Os presentes resultados estão em consonância com Fernandez *et al.* (2004) que registaram teores de Ni ligado a óxidos de ferro amorfo e alumúnio de 4,1 e 7,7 mg kg⁻¹ em calcários Haplic e Luvic. Zauyah *et al.* (2004) mostraram 15,2% de fração de Ni ligado a óxidos em Ultisols e Guerra *et al.* (2007) encontraram 15,3% em Mollisols. Chen *et al.* (2009) registaram 3,4-13,8 mg kg⁻¹ de Ni ligado a óxidos em solos da cidade de Pequim. Olubunmi (2010) referiu que o Ni ligado a óxidos variava de 8,00-12,85 mg kg⁻¹ com um valor médio de 9,98 mg kg^{-1} em solos de Agbabu, Nigéria.

5.5.5.5 Ni ligado a orgânicos

A quantidade de Ni complexado organicamente (Quadro 13, Fig. 1e) situou-se entre 0,36 e 12,6 mg kg^{-1}, com uma média de 6,46 mg kg^{-1} nos solos estudados. O teor mais elevado de Ni orgânico pode ser atribuído à sua natureza organofílica (Cunningham *et al.*, 1975). Nikola *et al.* (2001) referiram que o Ni de ligação orgânica era de 14,83 mg kg^{-1} em solos serpentinos da Sérvia. Bansal (2008) indicou que o Ni de ligação orgânica era de 1,34-2,64 mg kg^{-1} em alguns solos de Punjab e Olubunmi (2010) indicou 2,10-4,5 mg kg^{-1} desta fração nos solos da Nigéria.

5.5.5.6 Ni residual

O teor de Ni residual variou de 12,65 a 44,75 mg kg^{-1} com o valor médio de 23,93 mg kg^{-1} (Quadro 13 e Fig. 1e). Este valor representa a percentagem mais elevada de Ni nos solos e pode dever-se ao facto de a maior parte do Ni nos solos estar naturalmente distribuída (Narwal e Singh, 1998; Horsfall e Spiff, 2005) e ser normalmente ocluída por silicatos durante a meteorização (Osakwe, 2012). O teor mais elevado encontra-se em rochas ígneas básicas, com um nível muito mais baixo em rochas sedimentares, incluindo xistos, argilas, calcários e arenitos (Mukherjee, 2007). Nikola *et al.* (2001) verificaram que o Ni residual era de 48,96 mg kg^{-1} em solos serpentinos da Sérvia. Khurana e Bansal (2008) examinaram que o Ni residual variava entre 13,4 e 38,42 mg kg^{-1} em solos de Punjab. O Ni residual variou de 38,20-62,30 mg kg^{-1} com um valor médio de 46,75 mg kg^{-1} em solos da Nigéria (Olubunmi, 2010). O níquel nesta fração geoquímica constituiu 49% do seu conteúdo total e está em estreita concordância com as conclusões de Ma e Roa (1997), Zauyah *et al.*, (2004), Guerra *et al.* (2007), Aydinalp *et al.* (2009) e Osakwe (2012).

5.5.6 Fracções químicas do cádmio (Cd)

5.5.6.1 Cd solúvel em água

O teor fraccionado de Cd solúvel em água foi inferior ao limite de deteção de 0,00 mg L^{-1} (Quadro 15) no espetrofotómetro de absorção atómica. O limite de deteção foi de 0,01 mg L^{-1}.

5.5.6.2 Cd permutável

O presente estudo mostrou que o teor médio de Cd nesta fração era inferior ao limite de deteção de 0,00 mg L^{-1} em todos os solos investigados. A não deteção de Cd na fração permutável sugere que os locais de troca podem não ter favorecido a disponibilidade de Cd.

5.5.6.3 Cd ligado a carbonatos

Os resultados apresentados no quadro 15 revelam que o Cd ligado a carbonatos não foi detectado em nenhuma das amostras de solo recolhidas em diferentes locais dos Himalaias menores.

5.5.6.4 Cd ligado a óxido

A leitura dos resultados (Quadro 15, Fig. 1f) revelou que o Cd está concentrado principalmente na fração ligada ao óxido (78,52%), que varia entre 0,00 e 0,82 mg kg^{-1} com um valor médio de 0,34 mg kg^{-1} . As conclusões são apoiadas pelo facto de os óxidos hidratados de manganês e de ferro constituírem o principal controlo da fixação do cádmio nos solos. Os óxidos hidratados de manganês e ferro são extraídos em conjunto, os conhecidos "sumidouros" de metais pesados no ambiente superficial. A eliminação por estes óxidos secundários, presentes como revestimentos em superfícies minerais ou como partículas finas discretas, pode ocorrer por qualquer mecanismo ou por uma combinação de mecanismos como a coprecipitação, a adsorção, a formação de complexos de superfície, a troca iónica e a penetração na rede. Esta fração pode ser considerada relativamente estável, mas pode mudar com variações nas condições redox do solo (Horsfall e Spiff, 2005).

Os presentes resultados estão de acordo com os resultados de Fernandez *et al.* (2004), que referiram que o teor de Cd ligado ao ferro amorfo e ao óxido de almuniuml era de 0,10 mg kg^{-1} em alguns solos de Espanha. Os resultados são também apoiados por Gondek (2006), Bashir *et al.* (2007) e Osakwe (2012).

5.5.6.5 Cd ligado a orgânicos

O padrão de distribuição dos microelementos entre as diferentes fracções mostrou que o Cd na fração de ligação orgânica estava abaixo do limite de deteção nos solos dos Himalaias menores. Isto pode dever-se à baixa constante de adsorção do Cd à matéria orgânica (Sposito *et al.,* 1982).

5.5.6.6 Cd residual

Os resultados apresentados no Quadro 15 e na Fig. 1f revelam que o Cd residual varia entre 0,00 e 0,23 mg kg^{-1} com um valor médio de 0,10 mg kg^{-1} . O teor muito baixo de Cd na fração residual do solo sugere a origem litogénica do metal. A associação do Cd à fração residual nos solos estudados não constitui geralmente um risco ambiental. Isto deve-se ao facto de o metal estar firmemente ligado à rede mineral, o que restringe a sua biodisponibilidade (Coetzee, 1993; Abu-Kukati, 2001). Gondek (2006) comunicou que o Cd residual em solos da Polónia se encontrava abaixo do limite de deteção. Osakwe (2012) referiu que o Cd residual variava entre 0,53 e 2,80 mg kg^{-1} e Rahmani *et al.* (2012) observaram que o Cd permutável era de 2,85 mg kg^{-1} em alguns dos solos calcários contaminados do Irão.

5.5.7 Fracções químicas do chumbo (Pb)

5.5.7.1 Pb solúvel em água

A distribuição de Pb em todos os solos estudados (Tabela 17) mostrou que o Pb solúvel em água estava abaixo do limite de deteção. O limite de deteção foi de 0,02 mg L^{-1}.

5.5.7.2 Pb permutável

O Pb permutável mostrou variações entre os solos de diferentes locais, embora em todos os casos houvesse uma proporção muito baixa de Pb na fração permutável. Os valores obtidos variaram entre 0,00 e 6,80 mg kg^{-1} com uma média de 1,58 mg kg^{-1} (Tabela 17 e Fig. 1g). A fração permutável de metais retida por adsorção eletrostática representa as formas prontamente móveis e disponíveis para absorção biológica no ambiente, pelo que esta fração pode ser considerada um indicador de poluição (Zakir, 2008). Os presentes resultados estão em estreita conformidade com os relatórios de Minkina *et al.* (2008) que encontraram o teor de Pb permutável de 0,6 mg kg^{-1} em solos de chernozem e Gondek (2006) observou um teor que varia entre 1,2-4,81 mg kg^{-1} em solos da Polónia.

A contribuição média desta fração é de 3,82% para o Pb total em solos dos Himalaias menores e está em conformidade com a conclusão de Yobouet *et al.* (2010), que relataram menos de 5% de Pb na fração permutável. Resultados mais ou menos semelhantes foram também obtidos por Ramos *et al.* (1994), Chlopecka *et al.* (1996), Maiz *et al.* (2000), Guerra *et al.* (2007), Minkina *et al.* (2008) e Abioye *et al.* (2011).

5.5.7.3 Pb ligado a carbonatos

A quantidade de Pb ligado a carbonatos (Quadro 17, Fig. 1g) variou de 4,58 a 16,16 mg kg^{-1} com uma média de 8,34 mg kg^{-1} e contribuiu com 20,16% do Pb total no solo. Esta constitui a segunda maior fração e é mais provável que se deva ao facto de o Pb ser muito provavelmente controlado por uma mistura de minerais de Pb, incluindo carbonatos de Pb (Badawy *et al.*, 2002 e Teutsch *et al.*, 2001). Ma e Roa (1997) descobriram que o Pb ligado ao carbonato era de 2,5 mg kg^{-1} nos Mollisols. Os resultados também apoiam as observações de Minkina *et al.* (2008), que referiram que o Pb ligado ao carbonato era de 1,6 mg kg^{-1} nos solos de chernozem da Rússia. Os níveis elevados de Pb na fração de carbonato nos solos de Budgam podem ser atribuídos a locais de troca altamente dominados pelo cálcio (Oviasogie e Ndiokwere, 2008). Wang *et al.* (2010) descobriram que aproximadamente 10-25% do Pb estava associado a minerais de carbonato em solos do nordeste da China. Teutsch *et al.*

(2001), Lestan *et al.* (2003), Finzgar *et al.* (2007), Adaikpoh (2011) e Osakwe (2012) dão mais apoio aos resultados.

5.5.7.4 Pb ligado a óxido

A distribuição do chumbo nos solos revelou que o Pb ligado a óxidos (Tabela 17, Fig. 1g) variou de 0,00 a 6,75 mg kg^{-1} com o valor médio de 2,28 mg kg^{-1}. Os óxidos de ferro e manganês fornecem normalmente a superfície de adsorção mais importante para o chumbo, particularmente a um pH mais elevado (7,90) do solo (Sauve *et al.*, 2003; Terzano *et al.*, 2007). Teutsch *et al.* (2001) referiram que o Pb ligado a óxidos variava entre 3,3 e 232 mg kg^{-1}, representando cerca de 20,0-40% do elemento total nas imediações da autoestrada Jerusalém-Tel-Aviv em Israel. Fernandez *et al.* (2004) referiram que o teor de Pb ligado a óxidos amorfos de Fe e Al era de 2,3 mg kg^{-1} no calcário de Haplic. Utilizando análises de microssonda eletrónica e difração de raios X de solos de zonas húmidas contaminadas, foi demonstrado que o Pb está frequentemente associado a minerais de óxido de ferro e manganês (Burt *et al.*, 2003; Wilson *et al.*, 2006; Strawn *et al.*, 2007). Minkina *et al.* (2008) relataram que o Pb ligado a óxidos era de 1,8 mg kg^{-1} em solos de chernozem, enquanto Olubunmi (2010) examinou que o Pb ligado a óxidos variava de 0,00-1,35 mg kg^{-1} com um valor médio de 0,88 mg kg^{-1} em solos de Agbabu.

5.5.7.5 Pb ligado a orgânicos

Os resultados da especiação indicam (Quadro 17, Fig. 1g) que o Pb ligado a elementos orgânicos variou entre 0,23 e 16,14 mg kg^{-1} com um valor médio de 6,21 mg kg^{-1}. O estudo atual corrobora as conclusões de Howard e Jeffrey (1993), que registaram 4,711,9 mg kg^{-1} de Pb ligado a materiais orgânicos. Ma e Roa (1997) descobriram que o Pb ligado a orgânicos era de 10,1 mg kg^{-1} nos Mollisols do norte da China. Minkina *et al.*, (2008) relataram que o Pb ligado a orgânicos era de 6,5 mg kg^{-1} em solos de chernozem da Rússia. Resultados mais ou menos semelhantes foram também observados por Teutsch *et al.* (2001), Finzgar *et al.* (2007), Olubunmi (2010) e Atkinson *et al.* (2010).

5.5.7.6 Pb residual

Os valores de Pb residual apresentados na Tabela 17 e representados na Fig. 1g revelaram que esta fração variou de 5,2 a 43,50 mg kg^{-1} com o valor médio de 22,97 mg kg^{-1}. Os metais presentes na fração residual são uma medida do grau de poluição ambiental. Quanto mais elevadas forem as quantidades de metais presentes nesta fração, maior é o grau de poluição (Banat, 2001). Howard e Jeffrey (1993) descobriram que o Pb residual variava entre 6,2-70 mg kg^{-1} em solos do sudeste do Michigan, enquanto Nikola *et al.* (2001) examinaram que o Pb residual era de 34,25 mg kg^{-1} em solos serpentinos da Sérvia. Minkina *et al.* (2008) afirmaram que o Pb residual era de 14,3 mg kg^{-1} em solos de chernozem da Rússia. Olubunmi (2010) referiu que o Pb residual variava entre 40,60-45,5 mg kg^{-1} com um valor médio de 43,00 mg kg^{-1} em solos de Agbabu.

A fração residual representou a fração mais elevada de Pb nos solos e é bem apoiada por Yobouet *et al.* (2010), que também concluíram que o Pb residual é a forma principal (53%) em todas as fracções. Os resultados também estão em consonância com os resultados de Teutsch *et al.* (2001), Guerra *et al.* (2007), Minkina *et al.* (2008), Aydinalp *et al.* (2009) e Abioye *et al.* (2011).

5.6 Relação das fracções de microelementos com as propriedades do solo

5.6.1 Relação das fracções de Zn com as propriedades do solo

Uma leitura dos resultados (Quadro 19) revelou que o Zn solúvel em água tinha uma correlação significativa negativa com o pH (r = - 0,535**) e uma correlação significativa positiva com o carbono orgânico (r = 0,485**). Isto confirma que o teor de Zn solúvel em água diminuiria com um aumento do pH e aumentaria com o aumento do carbono orgânico do solo. A um pH mais elevado, forma-se zincato de cálcio insolúvel ou óxidos de Zn mais elevados e o Zn associado a estas formas não entra facilmente na solução. A matéria orgânica presente no solo fornece sítios para a adsorção de Zn, que entra em solução com o tempo e fica disponível para as plantas cultivadas. Observações semelhantes foram registadas por Jalali *et al.* (1989), Jahiruddin *et al.*

(1992), Razdan (1995), Zhang *et al.* (1997), Minhas e Chhibba (1999), Obrado *et al.* (2006), Adeboye (2011), Wijebandara *et al.* (2011) e Mekichirwa *et al.* (2012). A correlação negativa, mas não significativa, do Zn solúvel em água com o carbonato de cálcio e o teor de argila estava em concordância com os resultados de Sharma *et al.* (2003, 2004), Mathur *et al.* (2006), Yadav (2008), Yadav e Meena (2009), Sidhu e Sharma (2010) e Kumar e Babel (2011). A relação positiva do Zn solúvel em água com a capacidade de troca catiónica está em conformidade com as conclusões de Sharma *et al.* (2004), Elbordiny e El-Dewiny (2008), Yadav e Meena (2009), Ibrahim *et al.* (2011) e Kumar e Babel (2011).

O Zn trocável teve uma correlação negativa significativa com o pH (r = -0,478[**])
e está positiva e significativamente correlacionado com o carbono orgânico (r = 0,424[**]).
Estes resultados estão de acordo com os de Lestan *et al.* (2003), Obrado *et al.* (2006),
Finzgar *et al.* (2007), Wijebandara *et al.* (2011), Ashraf *et al.* (2012) e Mekichirwa *et al.*
(2012). A correlação positiva do Zn permutável com a capacidade de troca catiónica e o
teor de argila foi apoiada pelos resultados de Mekichirwa *et al.* (2012).

Os factores importantes do solo que contribuem para o Zn ligado ao carbonato
são o pH (r = 0,519[**]) e o carbonato de cálcio (r = 0,759[**]), indicando que o carbonato
de cálcio oferece locais de retenção específicos para o Zn nos carbonatos. Um tipo de
relação semelhante foi registado por Ashraf *et al.* (2012). A relação positiva do Zn ligado
ao carbonato com a capacidade de troca catiónica e o teor de argila está de acordo com
os dados de Minhas e Chhibba (1999) e Mekichirwa *et al.* (2012).

O Zn ligado ao óxido correlacionou-se significativa e negativamente com o pH.
Um tipo de relação semelhante foi registado por Ashraf *et al.* (2012) e Mekichirwa *et al.*
(2012). A relação positiva entre o Zn ligado a óxidos e o carbono orgânico, o carbonato
de cálcio e os teores de argila e a relação negativa com a capacidade de troca catiónica
estavam de acordo com a investigação realizada por Lestan *et al.* (2003), Wijebandara *et
al.* (2011), Ashraf *et al.* (2012) e Mekichirwa *et al.* (2012).

A correlação da ligação orgânica e da fração residual de Zn com o pH, o carbono
orgânico, a capacidade de troca catiónica e o teor de argila é bem apoiada pelos estudos
de Minhas e Chhibba (1999), Lestan *et al.* (2003), Wijebandara *et al.* (2011), Ashraf *et
al.* (2012) e Mekichirwa *et al.* (2012).

5.6.2 Relação das fracções de ferro (Fe) com as propriedades do solo

O carbono orgânico apresentou uma correlação positiva com o Fe solúvel em água
(Quadro 20), o que poderá dever-se à sua capacidade de complexar metais com
substâncias orgânicas de baixo peso molecular, o que aumentará a sua mobilidade no solo.
Uma correlação negativa e significativa com o pH pode dever-se ao facto de os
microelementos serem mais solúveis em condições ácidas. À medida que o pH do solo
aumenta, as formas iónicas dos catiões dos microelementos são alteradas primeiro para
iões hidroxilo e, finalmente, para hidróxidos ou óxidos insolúveis dos elementos (Brady
e Weil, 2002). Por cada unidade de aumento do pH, a solubilidade dos microelementos
catiónicos pode diminuir de 100 vezes para os iões divalentes (por exemplo, Mn, Cu, Zn)
a 1000 vezes para os iões trivalentes (por exemplo, Fe) (Rengel, 2001). Resultados

semelhantes foram registados por Chinchmalatpure *et al.* (2000), Sharma *et al.* (2003) e Jelic *et al.* (2011). A quantidade de Fe presente na fração solúvel em água está negativamente correlacionada com o carbonato de cálcio, a capacidade de troca catiónica e o teor de argila. Resultados semelhantes são também registados por Kparmwang e Malgwi (1997), Ibrahim *et al.* (2011) e Jelic *et al.* (2011).

O Fe associado à fração permutável foi positivamente correlacionado com o carbono orgânico e é favoravelmente comparável com os resultados de Sharma *et al.* (2003, 2004), Mathur *et al.* (2006), Yadav e Meena (2009), Sidhu e Sharma (2010) e Vijayakumar *et al.* (2011). A associação negativa do Fe permutável com o pH está de acordo com as conclusões de Chhabra *et al.* (1996), Chinchmalatpure *et al.* (2000), Nazif *et al.* (2006), Jelic *et al.* (2011) e Ibrahim *et al.* (2011). A correlação positiva com a capacidade de troca catiónica e o teor de argila e a correlação negativa com o carbonato de cálcio estavam de acordo com as conclusões de Sharma *et al.* (1996), Haque *et al.* (2000), Sharma *et al.* (2004), Mathur *et al.* (2006) e Kumar e Babel (2011).

O teor de Fe extraído da fração carbonatada apresentou uma correlação significativa com o pH ($r = -0,574^{**}$) e positiva mas não significativa com o carbono orgânico ($r = 0,213$). Um tipo de observação semelhante foi também efectuado por Jelic *et al.* (2011). O coeficiente negativo de correlação com o carbonato de cálcio, a capacidade de troca catiónica e o teor de argila também são mostrados por Sharma *et al.* (2004), Mathur *et al.* (2006) e Yadav e Meena (2009).

O Fe ligado a óxidos apresentou uma correlação negativa significativa com o pH ($r = -0,338^{*}$), enquanto outras propriedades do solo, como o carbono orgânico, o carbonato de cálcio, a capacidade de troca catiónica e o teor de argila, apresentaram correlações não significativas. Resultados semelhantes foram obtidos por Sharma *et al.* (2004), Mathur *et al.* (2006) e Jelic *et al.* (2011).

A relação do Fe de ligação orgânica com o pH, o carbono orgânico, a capacidade de troca catiónica, o carbonato de cálcio e o teor de argila corrobora bem os resultados de Jelic *et al.* (2011). A correlação positiva significativa do Fe residual com a capacidade de troca catiónica ($r = 0,46^{**}$) é também referida por Sharma *et al.* (2004), Mathur *et al.* (2006) e Jelic *et al.* (2011). A influência do Fe residual no pH, no carbono orgânico e no teor de argila foi idêntica à referida por Jelic *et al.* (2011).

5.6.3 Relação das fracções de cobre (Cu) com as propriedades do solo

O Cu solúvel em água (Quadro 21) apresentou uma correlação negativa e significativa com o pH (r = -0,580**). A partir desta associação, infere-se que a deficiência de Cu seria um problema grave a um pH do solo mais elevado. Isto está de acordo com as conclusões de Nazif *et al.* (2006) e Ibrahim *et al.* (2011). Os resultados podem ser apoiados pelo facto de a solubilidade do Cu diminuir 100 vezes por cada aumento unitário do pH (Lindsay, 1972). A correlação com o carbono orgânico, carbonato de cálcio, capacidade de troca catiónica e teor de argila assemelha-se às conclusões de Sharma *et al.* (2004), Yadav (2008), Yadav e Meena (2009), Adeboye (2011), Kumar e Babel (2011) e Ashraf *et al.* (2012).

O Cu permutável apresentou uma correlação positiva significativa com o carbono orgânico (r = 0,322*). Os resultados são favoravelmente comparáveis com as conclusões de Shuman (1988), Razdan (1995), Chhabra *et al.* (1996), Obrado *et al.* (2006), Sharma *et al.* (2008), Ibrahim *et al.* (2011) e Ashraf *et al.* (2012). A relação do carbonato de cálcio e da capacidade de troca catiónica com o pH é apoiada pelos resultados de Razdan (1995), Vijayakumar *et al.* (2011) e Ashraf *et al.* (2012).

O carbonato de cálcio e as fracções orgânicas apresentaram melhores correlações com o Cu ligado ao carbonato e resultados semelhantes foram comunicados por Ashraf *et al.* (2012). A correlação com o pH, a capacidade de troca catiónica e o teor de argila estão em conformidade com as conclusões de Ping *et al.* (2011) e Ashraf *et al.* (2012).

O óxido e o Cu de ligação orgânica apresentaram correlações não significativas com quase todas as propriedades do solo e estão em conformidade com os relatórios de Ashraf *et al.* (2012), excluindo uma correlação significativa do Cu de ligação orgânica com o carbono orgânico e são bem apoiados por Ping *et al.* (2011) e Ashraf *et al.* (2012). Os resultados da correlação do Cu residual com as propriedades do solo são semelhantes aos registados por Zhang *et al.* (1997) e Ashraf *et al.* (2012).

5.6.4 Relação das fracções de manganês (Mn) com as propriedades do solo

As condições importantes do solo que contribuem para o Mn solúvel em água são o pH (r = - 0,553**) e a capacidade de troca catiónica (r = -0,301*) (Quadro 22). Relações semelhantes foram registadas por Chhabra *et al.* (1996), Laurent e Pierre (2010) e Ibrahim *et al.* (2011). A relação do Mn solúvel em água com o carbono orgânico, o carbonato de cálcio e o teor de argila está de acordo com as observadas por Jalali *et al.* (1989), Sharma *et al.* (2003), Sharma *et al.* (2004), Verma *et al.* (2005), Mathur *et al.* (2006), Nasif *et al.* (2006), Yadav e Meena (2009) e Sidhu e Sharma (2010).

As relações entre o Mn permutável e o carbono orgânico, o carbonato de cálcio, a capacidade de troca catiónica, o pH e os teores de argila estão de acordo com os resultados de Sharma *et al.* (1996), Cheng *et al.* (2003), Nazif *et al.* (2006), Elbordiny e El-Dewiny (2008) e Vijayakumar *et al.* (2011). As fracções de Mn ligadas ao carbonato, ligadas ao óxido, ligadas ao orgânico e residuais mostraram uma correlação não significativa com todas as propriedades do solo.

5.6.5 Relação das fracções de níquel (Ni) com as propriedades do solo

O Ni solúvel em água, trocável e ligado a carbonatos (Quadro 23) apresentou uma correlação não significativa com todas as propriedades do solo estudadas (pH, carbono orgânico, capacidade de troca catiónica e teor de argila). Estes resultados apoiam as observações de Usman *et al.* (2004), Pakula e Kalimbasa (2009) e Ping *et al.* (2011).

Registou-se uma correlação positiva e significativa do Ni ligado à matéria orgânica com o carbono orgânico, ao passo que as outras propriedades do solo (pH, capacidade de troca catiónica, carbonato de cálcio e teor de argila) apresentaram uma correlação não significativa com o Ni ligado à matéria orgânica. Os resultados são bem apoiados pelos estudos de Pakula e Kalimbasa (2009) e Ping *et al.* (2011). O Zn ligado a óxidos teve uma correlação positiva significativa com o pH ($r = 0,367^*$) e foi significativa e negativamente correlacionado com o carbono orgânico ($r = -0,39^{**}$). Os presentes resultados confirmam as conclusões de Ping *et al.* (2011). A correlação significativa e positiva do Ni ligado à matéria orgânica com o carbono orgânico é apoiada pelos resultados de Pakula e Kalimbasa (2009).

5.6.6 Relação das fracções de cádmio (Cd) com as propriedades do solo

O Cd ligado a óxidos apresentou correlações positivas com o carbono orgânico, o carbonato de cálcio e a capacidade de troca catiónica e coeficientes de correlação negativos com o carbono orgânico e o teor de argila (Quadro 24). No entanto, as correlações não foram significativas. Estes resultados apoiam as observações de Fernandez *et al.* (2004) e Ping *et al.* (2011).

As correlações positivas da fração residual de Cd com o carbono orgânico e a capacidade de troca catiónica estão de acordo com os resultados de Ping *et al.* (2011) e as correlações negativas com o pH, o carbonato de cálcio e o teor de argila estão de acordo com as observações de Kashem *et al.* (2007).

5.6.7 Relação das fracções de chumbo (Pb) com as propriedades do solo

A relação do Pb permutável com o pH, carbono orgânico, carbonato de cálcio, capacidade de troca catiónica e teor de argila (Tabela 25) está de acordo com as conclusões de Finzgar *et al.* (2007) e Ping *et al.* (2011). O Pb ligado ao carbonato observou correlações positivas significativas com o pH e o teor de carbonato de cálcio (r = 0,366[*] e 0,52[**]) e relações não significativas com o carbono orgânico, a capacidade de troca catiónica e o teor de argila, revelando assim que o Pb ligado ao carbonato nos solos sob investigação foi largamente influenciado pelo pH e pelo teor de carbonato de cálcio e não pelo carbono orgânico, pela capacidade de troca catiónica e pelo teor de argila. Resultados semelhantes foram também referidos por Li e Thornton (2001), Davies *et al.* (2003), Finzgar *et al.* (2007), Ping *et al.* (2011) e Ashraf *et al.* (2012).

O chumbo associado às fracções óxida, orgânica e residual apresentou correlações não significativas com todas as propriedades do solo (pH, carbono orgânico, carbonato de cálcio, capacidade de troca catiónica e teor de argila). Estes resultados estão em consonância com os relatados por Fernandez *et al.* (2004), Finzgar *et al.* (2007), Laurent e Pierre (2010), Ping *et al.* (2011) e Ashraf *et al.* (2012).

Capítulo 6
RESUMO E CONCLUSÃO

A presente investigação, intitulada "Fracionamento de metais pesados utilizando um esquema de extração sequencial", foi realizada em 2012 na Divisão de Ciência do Solo, SKUAST-K, Shalimar, Srinagar, com os seguintes objectivos

1. separar os microelementos do solo (Cu, Zn, Mn, Fe, Pb, Ni) em fracções solúveis em água, permutáveis, carbonatadas, óxidas, orgânicas e residuais

2. correlacionar o teor de metais de diferentes fracções químicas com as propriedades do solo

O estudo incluiu a análise de especiação de amostras de solo de superfície recolhidas em diferentes distritos e utilizações do solo. As principais conclusões do estudo são resumidas a seguir.

Propriedades físico-químicas dos solos

- A textura dos solos investigados variava entre argila, franco-argilosa siltosa e franco-argilosa.

- Os solos apresentaram uma reação ácida a neutra com pH variando de 4,6 a 6,9.

- Os solos têm um teor médio a elevado de carbono orgânico (0,9-5,2%).

- O teor de carbonato de cálcio dos solos variou de 0,00 a 4,87%.

- A capacidade de troca catiónica dos solos variou de 8,10 a 18,80 cmolc kg^{-1} .

Especiação química de microelementos

- O pool de microelementos solúveis em água nos solos variou de 0,00 a 4,10 mg para Zn, 0,00 a 19,90 mg para Fe, 0,82 a 3,20 mg para Cu, 0,00 a 3,42 mg para Mn e 0,00 a 2,23 mg para Ni kg^{-1} . A concentração de Cd e Pb na fração solúvel em água foi inferior ao limite de deteção do espetrofotómetro de absorção atómica. A fração solúvel em água de Zn foi mais elevada na floresta

  (3,94%) e o mais baixo no açafrão (0,44%), Fe mais elevado na floresta (0,82%) e o mais baixo no cereal (0,17%), Cu mais elevado no cereal (5,33%) e o mais baixo no açafrão (2,71%), Mn mais elevado no pomar de macieiras (0,80%) e o mais baixo no cereal (0,10%), Ni mais elevado nos solos vegetais (2,27%) e o mais baixo no pasto (0,00%).

- A fração permutável dos microelementos obtidos por extração sequencial dos solos variou entre 0,10 e 4,18 mg para o Zn, 0,00 e 20,5 mg para o Fe, 0,50 e 4,04 mg para o Cu, 3,09 e 21,38 mg para o Mn, 1,32 e 6,34 mg para o Ni, 0,00 e 0,00 mg para o Cd e 0,00 e 6,80 mg para o Pb kg^{-1} . A fração permutável de Zn foi máxima na pastagem (4,94%) e mínima no açafrão (1,25%), máxima na floresta (0,65%) e mínimo em açafrão (0,17%), Cumaximum em pastagem (6,28%) e mínimo no açafrão (2,88%), Mnmáximo no vegetal (4,61%) e mínimo no açafrão (1,66%), Nimaximum no açafrão (10,66%) e mínimo em solos vegetais (6,52%) e Pb máximo em solos de açafrão (7,13%) e mínimo em solos florestais (1,44%).

- A forma ligada ao carbonato de microelementos variou de 0,10 a 7,86, 0,00 a 99,46, 0,20 a 3,22, 0,64 a 32,92, 0,72 a 7,84 e 4,58 a 16,16 mg kg^{-1} para Zn, Fe, Cu, Mn, Ni e Pb, respetivamente. A fração carbonatada de Cd estava abaixo do limite de deteção do espetrofotómetro de absorção atómica. Observou-se que os solos de açafrão são os mais ricos (3,75%) e os mais pobres (0,64%) em Zn ligado a carbonatos, os solos de pastagem são os mais ricos (3,22%) e os mais pobres (0,93%) em Fe ligado a carbonatos, os solos de cereais são os mais ricos (4,75%) e os mais pobres (0,65%) em Cu ligado a carbonatos.65%) em Cu ligado a carbonatos, solos de açafrão mais ricos (10,60%) e solos de pomar de macieiras mais pobres (4,28%) em Mn ligado a carbonatos, solos florestais mais ricos (12,43%) e solos de açafrão mais pobres (6,88%) em Ni ligado a carbonatos e solos de cereais mais ricos (22,81%) e solos florestais mais pobres (17,91%) em Pb ligado a carbonatos.

- A fração ligada ao óxido de Zn, Fe, Cu, Mn, Ni, Cd e Pb variou de 2,31 a 13,30, 231,6 a 476,3, 1,10 a 7,60, 11,43 a 264,4, 3,27 a 17,06, 0,00 a 0,82 e 0,00 a 6,75 mg kg^{-1} , respetivamente. A fração ligada ao óxido de Zn foi dominante nos solos de pastagem (11,50%) e escassa nos solos de açafrão (5,88%), o Fe foi dominante nos solos de pomar de macieiras (20,54%) e escasso nos solos de açafrão (16,10%), o Cu foi dominante nos solos de pastagem (10,13%) e escasso nos solos de cereais (7,10%), o Mn foi dominante nos solos de floresta (55.66%) e escasso nos solos cerealíferos (37,47%), o Ni foi dominante nos solos de pomares de macieiras (23,85%) e escasso nos solos de pastagens (12,81%), o Cd foi dominante nos solos vegetais (83,59%) e escasso nos solos de pastagens (75,43%) e o Pb foi dominante nos solos de pastagens (12,86 %) e escasso nos solos de pomares de macieiras (4,05%).

- A fração de ligação orgânica variou de 2,11 a 9,59, 122,5 a 570,2, 1,78 a 8,75, 1,64 a 75,92, 0,36 a 12,6 e 0,23 a 16,14 mg kg^{-1} , respetivamente para Zn, Fe, Cu, Mn, Ni e Pb. A proporção recuperada de Zn de ligação orgânica foi mais elevada nos solos de pastagem (11,18%) e mais baixa nos solos de cereais (6,07%), a de Fe foi mais elevada nos solos de pastagem (22,64%) e mais baixa nos solos de açafrão (12,28%), a de Cu foi mais elevada nos solos de cereais (15.90%) e o mais baixo em solos de pomares de maçãs (9,59%), Mn mais elevado em solos de pastagens (16,52%) e o mais baixo em solos de cereais (5,21%), Ni mais elevado em solos de vegetais (20,26%) e o mais baixo em solos de cereais (9,66%) e Pb mais elevado em solos de pastagens (24,17%) e o mais baixo em solos florestais (7,89%).

- Os resíduos de Zn, Fe, Cu, Mn, Ni, Cd e Pb variaram de 35,50 a 83,07, 792 a 1799, 8,7 a 51,10, 25,3 a 318,8, 12,65 a 44,75, 0,00 a 0,23 e 5,2 a 43,50 mg kg^{-1} , respetivamente. Entre as diferentes utilizações do solo, o Zn residual foi máximo no açafrão (82,38%) e mínimo na pastagem (70,21%), o Fe residual foi também máximo no açafrão (69,47%) e mínimo na pastagem (55,70%), o Cu residual foi máximo no pomar de macieiras (70,61%) e mínimo nos solos de cereais (61,04%), o Mn residual foi máximo nos cereais (49.95%) e mínimo em solos de pastagem (22,74%), o Ni residual foi máximo em solos de pastagem (52,79%) e mínimo em solos de pomar de maçãs (43,56%), o Cd residual foi máximo em solos de pastagem (24,57%) e mínimo em solos de vegetais (16,41%) e o Pb residual foi máximo em solos de floresta (66,07%) e mínimo em solos de pastagem (40,05%).

Relação entre as fracções químicas dos microelementos e as características físico-químicas dos solos

- O Zn solúvel em água teve uma correlação negativa significativa com o pH e uma correlação positiva significativa com o carbono orgânico. Não foi significativamente correlacionado negativamente com o carbonato de cálcio e o teor de argila e positivamente correlacionado com a capacidade de troca catiónica. A mesma tendência foi mostrada pelo Zn permutável, exceto uma correlação positiva com o teor de argila. O Zn ligado ao carbonato teve uma correlação positiva significativa com o pH e o carbonato de cálcio, enquanto que não teve uma correlação significativa com o carbono orgânico, a capacidade de troca catiónica e o teor de argila. O Zn ligado ao óxido teve uma correlação negativa significativa apenas com o pH. Esteve positivamente relacionado com o carbono orgânico, o carbonato de cálcio e o teor de argila e negativamente correlacionado com a capacidade de troca catiónica. Observou-se uma correlação negativa significativa do Zn de ligação orgânica com o pH e uma correlação positiva significativa com o carbono orgânico. Também teve uma correlação não significativa com a capacidade de troca catiónica, o carbonato de cálcio e o teor de argila. O Zn residual apresentou uma correlação positiva significativa com o pH e o carbonato de cálcio. Foi correlacionado positivamente com a capacidade de troca catiónica e o teor de argila e negativamente com o carbono orgânico, mas os coeficientes de correlação não foram significativos.

- O Fe solúvel em água e o Fe permutável apresentaram uma correlação negativa significativa com o pH, uma correlação positiva significativa com o carbono orgânico e uma correlação não significativa com o carbonato de cálcio, a capacidade de troca catiónica e o teor de argila. O Fe ligado a carbonatos e óxidos apresentou uma correlação não significativa com todas as propriedades físico-químicas dos solos, exceto com o pH, onde apresentou uma correlação significativa e negativa. O Fe de ligação orgânica teve uma correlação significativa com o pH e o carbono orgânico, mas não significativa com as restantes propriedades físico-químicas dos solos. Verificou-se uma correlação positiva significativa do Fe residual com a capacidade de troca catiónica. O Fe residual também se correlacionou positivamente com o pH, o carbono orgânico e o teor de argila e negativamente com o carbonato de cálcio, mas nenhuma destas correlações atingiu o nível de significância.

- O teor de Cu solúvel em água mostrou uma tendência decrescente com o aumento do pH e não foi significativamente correlacionado com qualquer propriedade físico-química. Verificou-se uma relação negativa significativa entre o Cu permutável e o carbono orgânico. Foi encontrado um coeficiente de correlação significativo entre o Cu ligado ao carbonato, o carbonato de cálcio e o pH. A capacidade de troca catiónica e o teor de argila apresentaram uma correlação negativa, enquanto se obteve uma correlação positiva com o pH. A fração de Cu ligado a orgânicos apresentou uma correlação não significativa com todos os parâmetros do solo estudados. O Cu ligado a óxidos teve uma correlação positiva significativa apenas com o carbono orgânico e uma correlação negativa não significativa com o pH e uma correlação positiva com o carbonato de cálcio, a capacidade de troca catiónica e o teor de argila. O Cu residual estava relacionado de forma não significativa com todas as propriedades físico-químicas dos solos.

- O Mn solúvel em água mostrou uma relação negativa significativa com o pH e a capacidade de troca catiónica. Verificou-se uma relação negativa do Mn solúvel em água com a capacidade de troca catiónica e o teor de argila e uma relação positiva com o carbono orgânico. Os reservatórios de Mn permutável, carbonato, óxido, orgânico e residual não estavam significativamente relacionados com nenhuma das propriedades físico-químicas dos solos.

- O Ni solúvel em água, permutável e ligado a carbonatos mostrou uma relação não significativa com todas as propriedades físico-químicas. O Ni ligado ao óxido foi significativa e positivamente correlacionado com o pH e negativamente com o carbono orgânico. Foram encontradas correlações não significativas entre o Ni ligado ao óxido e o carbonato de cálcio, a capacidade de troca catiónica e o teor de argila. O Ni ligado a orgânicos estava relacionado de forma não significativa com todas as propriedades físico-químicas dos solos, exceto o carbono orgânico. O Ni residual foi positivamente correlacionado com todas as características físico-químicas dos solos, exceto o pH e o carbonato de cálcio.

- Todas as fracções de Cd e Pb mostraram uma relação não significativa com todas as propriedades físico-químicas estudadas dos solos, exceto a influência significativa do pH e do teor de carbonato de cálcio no Pb ligado ao carbonato.

Conclusão

As formas geoquímicas dos microelementos afectam a sua solubilidade, o que influencia diretamente a sua biodisponibilidade nos solos e sedimentos. A extração sequencial foi utilizada para fracionar os microelementos (Cu, Zn, Mn, Fe, Pb, Ni e Cd) dos solos em seis grupos definidos operacionalmente: solúvel em água, permutável, carbonato, óxido, orgânico e residual. Esta avaliação parte do princípio de que a biodisponibilidade dos metais diminui com cada etapa sucessiva de extração. A fase residual foi a mais abundante para todos os metais, exceto o Cd, nos solos examinados. As maiores porções de Zn, Fe Mn e Ni estavam associadas ao óxido, seguido do orgânico e do carbonato, o Cu ao orgânico, seguido do óxido e do permutável, o Cd ao óxido, seguido do residual e o Pb ao carbonato, seguido das fracções orgânica e óxida. O pH do solo e o carbono orgânico foram os principais factores que determinaram a distribuição dos microelementos em vários grupos químicos. O estudo ajudará a monitorizar as deficiências de micronutrientes (Cu, Zn, Mn, Fe e Ni), bem como os níveis de elementos tóxicos (Cd e Pb) nos solos dos Himalaias de Caxemira.

LITERATURA CITADA

Abeh, T., Gungshik, J. e Adamu, M. M. 2007. Estudos de especiação dos níveis de elementos vestigiais em sedimentos da ribeira de Zaramagada em Jos, Estado do Planalto, Nigéria. *Jornal da Sociedade Química da Nigéria* **32**: **218-225**.

Abioye, O., Saha, F. U., Xinde, Cao e Lena, Q. M. 2011. Caracterização química e física do chumbo em três solos de campo de tiro na Flórida. *Chemical Speciation and Bioavailability* **23**: 123-128.

Abu-Kukati, Y. 2001. Heavy metal distribution and speciation in sediments from Ziqlab Dam-Jordan. *Geological Engineering* **25**: 33-40.

Achi, M. M., Uzairu, A., Gimba, C. E. e Okunola, O. J. 2011. Fracionamento químico de metais pesados em solos nas imediações de oficinas mecânicas de automóveis em Kaduna Metropolis, Nigéria. *Jornal de Química Ambiental e Ecotoxicologia* **3**: 184-194.

Adaikpoh, E. O. 2011. Fracionamento de metais em perfis de solo no Campo Petrolífero de Umutu, noroeste do delta do Níger, Nigéria. *Jornal Internacional de Química* **3**: 2236.

Adams, M. L., Zhao, F. J., McGrath, S. P., Nicholson, F. A. e Chambers, B. J. 2004. Predicting cadmium concentrations in wheat and barley grain using soil properties. *Journal of Environment* **33**: 532-541.

Adeboye, M. K. A. 2011. Estado do boro e zinco total e disponível nos solos da bacia do rio Gongola da Nigéria. *Savannah Journal of Agriculture* **6**: 47-57.

Adriano, D. C. 2001. Elementos vestigiais em ambientes terrestres. **In**: *Biogeoquímica, Biodisponibilidade e Risco de Metais.* 2nd edition, Springer-Verlag, New York, pp 867.

Afifi, A. A., Abd El-Rheem, K. M. e Yousef, R. A. 2011. Influência da aplicação da reutilização de água de esgoto no solo e na distribuição de metais pesados. *Natureza e Ciência* **9**: 82-88.

Agbenin, J. O. e Olojo, L. A. 2004. Adsorção competitiva de cobre e zinco por um horizonte Bt de um Alfisol de savana como afetado pelo pH e pela remoção selectiva de óxidos hidratados e matéria orgânica. *Geoderma* **119**: 85-95.

Alloway, B. J. 2008. Deficiências de micronutrientes na produção agrícola mundial. **In**: *4th Conferência Asiática sobre Segurança Alimentar e Nutricional.*

Springer, Holanda, Selangor.

Alloway, B. J. e Jackson, A. P. 1991. The behavior of heavy metals in sewage sludge amended soils. *Science of total Environment* **100**: 151-176.

Alvarez, J. M., Luis, M., Lopez-Valdivia, Novillo, J., Obrador, A., Maria, I. e Rico. 2006. Comparação de EDTA e testes de extração sequencial para fitodisponibilidade, previsão de manganês e zinco em solos alcalinos agrícolas. *Geoderma* **132**: 450-463.

Alvarez, J. M., Novillo, J., Obrador, A. e Lopez-Valdivia. L. M. 2001. Mobilidade e lixiviabilidade do zinco em dois solos tratados com seis complexos orgânicos de zinco. *Journal of Agriculture Food Chemistry* **49**: 3833-3840.

Alvarez-Puebla, R. A., Valenzuela-Calahorro, C. e Garrido, J. J. 2004. Retenção de Co(II), Ni(II) e Cu(II) num ácido húmico castanho purificado: Modelação e caraterização do processo de sorção. *Langmuir* **20**: 3657-3664.

Apak, R., Tutem, E., Hugul, M. e Hizal, J. 1998. Retenção de catiões de metais pesados por adsorventes não convencionais (Red Muds e Fly Ashes). *Water Research* **32**: 430-440.

Arias, M., Perez-Novo, C., Osorio, F., Lopez, E. e Soto, B. 2005. Adsorção e dessorção de cobre e zinco na camada superficial de solos ácidos. *Journal of Colloid and Interface Science* **288**: 21-29.

Asagba, E. U., Okeimen, F. E. e Osokpor, J. 2007. Rastreio e especiação de solos contaminados com metais pesados provenientes de um mercado de peças sobresselentes para automóveis. *Chemical speciation and Bioavailability* **19**: 9-15.

Ashraf, M. A., Maah, M. J. e Yuso, I. 2012. Especiação química e mobilidade potencial de metais pesados no solo da antiga bacia hidrográfica de mineração de estanho. *Jornal Científico Mundial* **10**: 1-11.

Atanassova, I. e Okazaki, M. 1997. Características de adsorção-dessorção de níveis elevados de cobre em fracções de argila do solo. *Water Air Soil Pollutant* **98**: 213-228.

Atkinson, E. H., Bailey, A. M., Tye, N., Breward, S. D. e Young. 2010. Fracionamento do chumbo no solo por diluição isotópica e extração sequencial.

Aydinalp, C. 2009. Concentração e especiação de Cu, Ni, Pb e Zn em solos cultivados e não cultivados. *Jornal de Ciências Agrícolas* **15**: 129-134.

Badawy, S. H., Helal, M. I. D., Chaudri, A. M., Lawlor, K. e McGrath, S. P. 2002. A fase sólida do solo controla a atividade do chumbo na solução do solo. *Journal of Environmental Quality* **31**: 162-167.

Banat, K. M. 2001. Avaliação de Fe, Ni, Cd, Hg e Pb nos sedimentos dos rios Jordão e Yarmonk em relação às suas propriedades físico-químicas e caraterização de extração sequencial. *Water Air and Soil Pollutant* **132**: 43-59.

Banerjee, D. K. e Shrivastava, S. K. 1998. Biogeochemical processes and the role of heavy metals in soil environment. *Analytica Chimica Ata* **359**: 133-142.

Bansal, R. L. 2008. Impact of sewage irrigation on speciation of nickel in soils and its accumulation in crops of industrial towns of Punjab (Impacto da irrigação de esgotos na especiação de níquel nos solos e sua acumulação em culturas de cidades industriais do Punjab). *Jornal de Biologia Ambiental* **29**: 793-798.

Bashir, F., Shafique, T., Kashmiri, M. A. e Tariq, M. 2007. Conteúdo e fracionamento de metais pesados em solos irrigados com efluentes de esgotos. *Jornal da Sociedade Química do Paquistão* **29**: 1-12

Bell, R. W. e Dell, B. 2008. *Micronutrients for Sustainable Food, Feed, Fibre and Bioenergy Production.* 1st edition, IFA, Paris, França.

Bhat, S. N. 2009. Cinética dos estudos de adsorção e dessorção de potássio em solos de Caxemira sob diferentes sequências de cultivo. Dissertação de mestrado apresentada à Universidade de Ciências e Tecnologias Agrícolas de Caxemira, em Sher-e-Kashmir, shalimar, pp 1-100.

Bhattacharyya, P., Chakraborty, A., Chakrabarti, K., Tripathy, S. e Powell, M. A. 2006. Copper and zinc uptake by rice and accumulation in soil amended with municipal solid waste compost. *Environmental Geology* **49**: 1064-1070.

Bolan, N. S., Adriano, D. C., Mani, P., Duraisamy, A. e Arulmozhiselvan, S. 2003. Imobilização e fitodisponibilidade do cádmio em solos de carga variável: Efeito da adição de fosfato. *Plant and Soil* **250**: 83-94.

Brady, A. C. e Weil, R. R. 2002. *The Nature and Properties of Soils.* 13th Edition, Prentice Hall, New Jersey.

Brady, A. C. e Weil, R. R. 2005. *The Nature and Properties of Soils.* 15th Edition, Prentice Hall, New Jersey.

Breslin, V. T. 1999. Retenção de metais em solos agrícolas após correção com composto de RSU e biossólidos de RSU. *Water Air Soil Pollutant* **109**: 163178.

Bretzel, F. e Calderisi, M. 2006. Metal contamination in urban soils of coastal Tuscany (Italy). *Monitorização e Avaliação Ambiental* **118**: 319335.

Brown, S., Channey, R. e Angle. J. S. 1997. Calagem subsuperficial e movimento de metais em solos tratados com biossólidos estabilizados com cal. *Journal Environmental* **26**: 724-733.

Burt, R., Wilson, M. A., Keck, T. J., Dougherty, B. D., Strom, D. E. e Lindahl, J. A. 2003. Trace element speciation in selected smelter-contaminated soils in Anaconda and Deer Lodge Valley, Montana, USA. *Advances in Environmental Research* **8**: 51-67.

Businelli, D., Massaccesi, L., Said-Pullicino, D. e Gigliotti, G. 2009. Distribuição a longo prazo, mobilidade e disponibilidade para as plantas de metais pesados derivados do composto num solo de cobertura de aterro. *Ciência do Ambiente Total* **407**: 1426-1435.

Cabral, A. R. e G. Lefebvre. 1998. Utilização da extração sequencial no estudo da retenção de metais pesados em solos siltosos. *Water Air and Soil Pollutant* **102**: 329-344.

Canet, R., Pomares, F., Tarazona, F. e Estela, M. 1998. Fracionamento sequencial e disponibilidade de metais pesados para as plantas, afectados pela aplicação de lamas de depuração no solo. *Communications in Soil Science and Plant Analysis* **29**: 697-716.

Cao, X., Ma, L. Q., Chen, M., Hardison, W. e Harris, W. G. 2003. Transformação e distribuição de chumbo nos solos de campos de tiro na Florida, EUA. *Ciência do Ambiente Total* **307**: 179-189.

Carlon, C., Dalla-Valle, M. e Marcomini, A. 2004. Modelo de regressão para prever os coeficientes de partição água-solo de metais pesados em estudos de avaliação de riscos. *Environment Pollution* **127**: 109-115.

Chang, A. C., Page, A. L., Warneke, J. E. e Grgurevic, E. 1984. Extração sequencial de metais pesados do solo após uma aplicação de lamas. *Journal of Environmental Quality* **13**: 33-38.

Chattopadhyay, T., Sahoo, A. K., Singh, R. S. e Shyampura, R. L. 1996. Available micronutrient status in the soils of Vindhyan scarplands of Rajasthan in relation to soil characteristics. *Journal of the Indian Society of Soil Science* **44**: 678-681.

Chaudhary, G., Saika, M. e Owen, C. 2008. Especiação de alguns metais pesados em cinzas volantes de carvão. *Chemical Species and Bioavailability* **19**: 95-102.

Chen, Z., Ye, Z., Li, Q., Qiao, J., Tian, Q. e Liu, X. 2009. Teores de metais pesados e especiações químicas em solos irrigados por esgotos do subúrbio oriental de Pequim, China. *Journal of Food, Agriculture and Environment* **7**: 3-4.

Chhabra, G., Srivastava, P. C., Ghosh, D. e Agnihotri, A. K. 1996. Distribuição dos catiões de micronutrientes disponíveis em função das propriedades do solo em diferentes zonas do solo da interbacia de Gola-Kosi. *Crop Research* **11**: 296-303.

Chinchmalatpure, A. R., Brij-Lal, O., Challa, e Sehgal, J. 2000. Estado dos micronutrientes disponíveis nos solos em diferentes materiais de origem e formas de relevo numa microbacia hidrográfica da captação de Wunna perto de Nagpur (Maharashtra). *Agropedologia* **10**: 53-58.

Chlopecka, A., Bacon, J. R., Wilson, M. J. e Kay, J. 1996. Heavy metals in the environment. *Journal Environment Quality* **25**: 69-79.

Clark, C. J. e McBride, M. B. 1984. Chemisorption of Cu(II) and Co(II) on allophane and imogolite. *Clays and Clay Minerals* **32**: 300-310.

Clevenger, T. E. e Mullins, W. 1982. O procedimento de extração tóxica para resíduos perigosos. **In**: *Trace Substances in Environmental Health.* XVI Universidade do Missouri, Columbia, MO, pp 77-82.

Coetzee, P. P. 1993. Determinação da especiação de metais pesados em sedimentos do porto de Hortbees: barragem por extração química sequencial. *Water and Soil Analysis* **9**: 291-300.

Cunningham, J. D., Keeney, D. R. e Rayan, J. A. 1975. Phytotoxity and uptake of metals added to soils as inorganic salts or in sewage sludge. *Journal Environment Quality* **4**: 460-462.

Dandroo, F. A. 2001. Caracterização e classificação dos solos da bacia hidrográfica do Baixo Munda no Sul de Caxemira. *Dissertação de mestrado* apresentada à Universidade de Ciências Agrícolas e Tecnologia de Caxemira, Shalimar, pp 1-109.

Davies, N. A., Hodson, M. E. e Black, S. 2003. Is the OECD acute worm toxicity test environmentally relevant? the effect of mineral form on calculated lead toxicity. *Environmental Pollution* **121**: 49-54.

Dhane, S. S. e Shukla, L. M. 1995. Distribuição de diferentes formas de zinco em benchmark e outras séries de solos estabelecidos de Maharashtra. *Journal of Indian Society of Soil Science* **43**: 594-596.

Dong-mei, Z., Xiu-zhen, H., Cong, T. U., Chen, H. e You-bin, S. 2002. Especiação e fracionamento de metais pesados no solo experimentalmente contaminado com Pb, Cd, Cu, Zn em conjunto e efeitos na carga superficial negativa do solo. *Journal of Environmental Science* **14**: 439-444.

Drysdale, M. E. B. 2008. Aplicação da análise simulada de fluidos pulmonares para caraterizar a influência da atividade de fundição na bioacessibilidade respiratória de solos contendo níquel em Kalgoorlie, Austrália Ocidental. *Tese de mestrado* apresentada ao Departamento de Ciências Geológicas e Engenharia Geológica, Queen's University, Kingston, Ontário, Canadá.

Elbordiny, M. M. e El-Dewiny, Y. C. 2008. Efeito de algumas propriedades do solo afectadas pelo sal na disponibilidade de micronutrientes. *Journal of Applied Science and Research* **4**: 1569-1573.

Elliott, H. A., Liberati, M. R., Huang, C. P. 1986. Competitive adsorption of heavy-metals by soils (Adsorção competitiva de metais pesados pelos solos). *Journal of Environmental Quality* **15**: 214-219.

Emmerson, R. H. C., Birkett, J. W. M., Scrimshawand e Lester, J. N. 2000. The importance of chemical speciation in environmental processes (A importância da especiação química nos processos ambientais). *Science of Total Environment* **254**: 75-79.

Epstein, E. 1965. Livro de texto de biologia elementar **2**: 196-197.

Evans, L. J., Spiers, G. A. e Zhao, G. 1995. Chemical aspects of heavy metals solubility with reference to sewage sludge amended soils. *International Journal of Environmental Analytical Chemistry* **59**: 291-302.

Falatah, A. M. 1993. Fracionamento de catiões de micronutrientes num solo selecionado da Arábia Saudita. *Arid Soil Research and Rehabilitation* **7**: 63-

70.

Fernandeza, E., Jimeneza, R., Lallenab e Aguilar, A. M. J. 2004. Avaliação do procedimento de extração sequencial BCR aplicado a dois solos espanhóis não poluídos. *Poluição Ambiental* **131**: 355-364.

Filgueiras, V., Lavilla, I. e Bendicho, C. 2002. Extração química sequencial para partição de metais em amostras sólidas ambientais. *Journal of Environment Monitoring* **4**: 823-857.

Finzgar, N., Tlustos, P. e Lestan, D. 2007. Relação das propriedades do solo com o fracionamento, a biodisponibilidade e a mobilidade do chumbo e do zinco no solo. *Plant and Soil Environment* **53**: 225-238.

François, M., Dubourguier, H. C., Li, D. e Douay, F. 2004. Previsão da solubilidade de metais pesados em solos agrícolas em torno de duas fundições através dos parâmetros físico-químicos dos solos. *Aquatic Science* **66**: 78-85.

Fritioff, A. e Greger, M. 2003. Espécies de plantas aquáticas e terrestres com potencial para remover metais pesados de águas pluviais. *International Journal of Phytoremediation* **5**: 211-224.

Ganai, M. R., Mir, G. A., Talib, A. R. e Bhat. A. R. 1999. Distribuição em profundidade dos micronutrientes disponíveis nos solos que cultivam amêndoas no vale de Caxemira. *Applied-Biological Research* **1**: 19-23.

Gao, M., Che, F. C., Wei, C. F., Xie, D. T. e Yang, J. H. 2000. Efeito da aplicação a longo prazo de estrume nas formas de Fe, Mn, Cu e Zn em solo de arroz roxo. *Nutrição de Plantas e Ciência de Fertilizantes* **6**: 11-17.

Gerendas, J., Polacco, J. C., Freyermuth, S. K. e Sattelmacher, B. 1999. Significance of nickel for plant growth and metabolism (Importância do níquel para o crescimento e o metabolismo das plantas). *Journal of Plant Nutrition and Soil Science* **162**: 241-245.

Goldberg, S., Shouse, P. J., Lesch, S. M. C., Grieve, M., Poss, J. A., Forster, H. S. e Suarez, D. L. 2002. Extrações de boro do solo como indicadores de boro das culturas cultivadas no campo. *Ciência do Solo* **167**: 720-728.

Golia, E. E., Tsiropoulos, N. G., Dimirkou, A. e Mitsios. 2007. Distribuição de metais pesados em solos agrícolas da Grécia central utilizando o método de extração sequencial BCR modificado. *Jornal Internacional de Química Analítica*

Ambiental **87**: 13-14.

Gondek, K. 2006. Conteúdo de várias formas de cádmio, cobre, chumbo e crómio no solo após a aplicação de lamas de depuração de curtumes não tratadas e compostadas. *Ambiente das Plantas e do Solo* **52**: 199-210.

Gonzalez, M. J., Ramos, L. e Hernandez, L. M. 1994. Resíduos de organoclorados e metais pesados no sistema água/sedimento do Parque Regional do Sudeste em Madrid, Espanha. *International Journal of Environmental Analytical Chemistry* **57**: 135-140.

Gough, L. P., Severson, R. C. e Shacklette, H. T. 1988. *Elemental Concentrations in Soils and other Surfacial Materials of Alaska (Concentrações Elementares em Solos e outros Materiais Superficiais do Alasca)*. United States Government Printing office, Washington DC.

Graham, D. R. e Stangoulis, J. C. 2003. Trace element uptake and distribution in plants. *Critical Review Plant Science* **14**: 49-82.

Gray, C. W., McLaren, R. G., Roberts, A. H. C. e Condron, L. M. 1999. Effect of soil pH on cadmium phytoavailability in some New Zealand soils. *New Zealand Journal of Crop Horticulture* **27**: 169-179.

Guan, T. X., He, H. B., Zhang, X. D. e Cu, Z. 2011. Fracções, mobilidade e biodisponibilidade no sistema solo-trigo após aplicações de estrume de gado enriquecido com Cu. *Chemosphere* **82**: 215-222.

Guerra, P., Ahumada, I. e Carrasco, A. 2007. Efeito da incorporação de biossólido em solos de Mollisol no fracionamento de Cr, Cu, Ni, Pb e Zn e relação com a sua biodisponibilidade. *Química Pura Aplicada* **77**: 739-800.

Han, F. X., Kingery, W. L., Hargreaves, J. E. e Walkey, T. W. 2007. Effects of land uses on solid-phase distribution of micronutrients in selected vertisols of the Mississippi River Delta. *Geoderma* **142**: 96-103.

Handoo, G. M. 1983. Fracionamento da matéria orgânica em alguns perfis de solo de Jammu e Caxemira desenvolvidos sob diferentes sequências biológicas e climáticas. *Dissertação de doutoramento* apresentada a H.P Krishi Vishwa Vidyalaya, Palampur, Himachal Pradesh.

Haque, I., Lupwayi, N. Z. e Tadesse, T. 2000. Teor de micronutrientes no solo e sua relação com outras propriedades do solo na Etiópia. *Communications in Soil*

Science and Plant Analysis **31**: 2751-2762.

Harter, R. e Naidu, R. 2001. An assessment of environmental and solution parameter impact on trace-metal sorption by soils. *Soil Science Society of America journal* **65**: 597-612.

Harter, R. D. 1983. Effect of soil pH on adsorption of lead, copper, zinc, and nickel. *Soil Science Society of America Journal* **47**: 47-51.

Harter, R. D. 1992. Sorção competitiva de iões de cobalto, cobre e níquel por um solo saturado de cálcio. *Journal of the Indian Society of Soil Science* **56**: 444-449

Haung, J., Haung, R., Jiao, J. J. e Chen, K. 2007. Especiação e mobilidade de metais pesados na lama, em áreas de recuperação costeira em Chenzhen, China. *Geologia Ambiental* **53**: 221-228.

Hazra, G. C. e Mandal, B. 1996. Desorção do zinco adsorvido nos solos em relação às propriedades do solo. *Journal of Indian Society of Soil Science* **44**: 233-237.

Hazra, G. C., Saha, J. K., Mete, P. K. e Mandal, B. 1993. Distribuição das fracções de zinco em solos vermelhos e lateríticos de Birhum, Bengala Ocidental. *Journal of Indian Society of Soil Science* **41**: 472-476.

He, X. T., Logan, T. J. e Traina, S. J. 1995. Physical and chemical characteristics of selected U.S. municipal solid waste composts. *Journal Environment Quality* **24**: 543-552.

Hlavay, J., Prohaska, T., Weisz, M., Wenzel, W. W. e Stingeder, G. J. 2004. Determinação de elementos vestigiais ligados a solos e fracções de sedimentos. *Environmentalist* **26**:123-128.

Hoilett, N. 2006. Propriedades microbianas afectadas pelo tratamento de fosfato in situ em solos contaminados com chumbo. *Dissertação de mestrado* apresentada à Universidade de Missouri, Columbia, MO.

Holmgren, G. G. S., Meyer, M. W. e Chaney, R. L. 1993. Cádmio, Pb, Zn, Cu e Ni em solos agrícolas dos Estados Unidos da América. *Journal of Environmental Quality* **22**: 335-348.

Holtzclaw, K. M., Keech, D. A., Page, A. L., sposito, G., Ganje, T. J. e Ball, N. B. 1978. Trace metal distributions among the humic acid, the fulvic acid, and precipitable fractions extracted with NaOH from sewage sludges. *Journal of Environmental*

Quality **7**: 124-127.

Hooda, P. S. e Alloway, B. J. 1994. Sorção de Cd e Pb por solos temperados e semi-áridos seleccionados: efeito da aplicação de lamas e do envelhecimento de solos com lamas. *Water, Air and Soil Pollutant* **74**: 235-250.

Horsfall, M. e Spiff, A. 2005. Speciation and bioavailability of heavy metals in sediment of Diobu River, Port Harcourt, Nigeria (Especiação e biodisponibilidade de metais pesados em sedimentos do rio Diobu, Port Harcourt, Nigéria). *Jornal Europeu de Ciência e Investigação* **6**: 20-36.

Howard e Jeffrey, L. 1993. Análise de extração sequencial de chumbo em solos de beira de estrada do Michigan: Mobilização na zona vadosa por sais de degelo. *Journal of Soil Contamination* **2**: 34-37.

Hrsak, J., Fugas, M. e Vadjic, V. 2000. Contaminação do solo por Pb, Zn e Cd de uma fundição de chumbo. *Monitorização e Avaliação Ambiental* **60**: 359-366.

Hsu, J. H. e Lo, S. L. 2000. Caracterização e extrabilidade de cobre, manganês e zinco em compostos de dejectos de suínos. *Journal of Environment Quality* **29**: 447-453.

Huang, Z. H. U., Ting-Lin, H. U., Chai, B. B. e Jing-lan, Y. A. O. 2010. Influência das condições ambientais no fracionamento de metais pesados no sedimento do reservatório de Fenhe. *Geochemical Journal* **44**: 399410.

Ibrahem, A. e Al-Hawas. 2009. Sorção de cádmio influenciada pelas formas de carbonato da fração argilosa de alguns solos calcários em Al-Hassa. *Jornal Científico da Universidade Rei Faisal* **10**: 1430-1437.

Ibrahim, A. K., Usman, A., Abubakar, B., e Aminu, U. H. 2011. Estado dos micronutrientes extraíveis em relação a outras propriedades do solo na Área do Governo Local de Billiri. *Jornal de Ciência do Solo e Gestão Ambiental* **3**: 282-285.

Iwegbue, C. M. A., Egobueze, F. E. e Opuene, K. 2006. Avaliação preliminar dos níveis de metais pesados nos solos de um campo petrolífero no Delta do Níger, Nigéria. *Revista Internacional de Ciência e Tecnologia Ambiental* **3**: 167-172.

Iwegbue, C. M. A., Emuh, F. N., Isirimah, N. O. e Egun, A. C. 2007. Fracionamento, caraterização e especiação de metais pesados em compostos e solos tratados com composto. *Jornal Africano de Biotecnologia* **6**: 67-78.

Jackson, M. L. 1973. *Soil Chemical Analysis*. Prentice Hall of India Private Limited, Nova Deli.

Jahiruddin, M., Chambers, B. J., Cresser, M. S. e Livesey, N. T. 1992. Effect of soil properties on the extraction of zinc. *Geoderma* **52**: 199-208.

Jalali, M. e Khanboluki, G. 2008. Redistribuição de zinco, cádmio e chumbo entre as fracções do solo num solo calcário arenoso devido à aplicação de camas de aves de capoeira. *Monitorização e Avaliação Ambiental* **36**: 327-335.

Jalali, V. K. 1976. Disponibilidade de zinco, cobre, ferro e manganês em grupos de solos dominantes da Caxemira. *Tese de mestrado* apresentada à Universidade de Agricultura de Punjab, Ludhiana, pp 3-300.

Jalali, V. K., Talib, A. R. e Takkar, P. N. 1989. Distribution of micronutrient in some bench mark soils of Kashmir at different altitudes. *Journal of Indian Society of Soil Science* **37**: 465-469.

Janssen, R. P. T., Peijnenburg, W. J. G. M., Posthuma, L. e Van Den Hoop, M. A. G. T. 1997. Equilibrium partitioning of heavy metals in Dutch field soils. *Environment Toxicology Chemistry* **16**: 2470-2478.

Jaradat, Q. M., Massadeh, A. M., Zaitoun, M. A. e Maitah, B. M. 2006. Fracionamento e extração sequencial de metais pesados no solo da sucata de veículos fora de uso. *Environmental Monitoring and Assess* ment **112**: 197-210.

Jelic, M. Z., Milivojevic, M. J. Z., Trifunovic, R., Dalovic, I. G., Dragisa, I. e Seremesic, S. 2011. Distribuição e formas de ferro nos vertisols da Sérvia. *Journal of Serbian Chemical Society* **76**: 781-794.

Jonasson, I. R., Shear, H. e Watson, E. P. 1977. Transporte fluvial de nutrientes e contaminantes associados a sedimentos. **In**: *Actas do Workshop*, Kitchene-Ontario, pp 255-271.

Kabata-Pendias, A. 2001. *Trace Elements in Soils and Plants*. 3rd edition, CRC Press, Boca Raton FL, USA.

Kabata-Pendias, A. 2011. *Trace Elements in Soils and Plants (Oligoelementos em Solos e Plantas)*. 4th edition, CRC Press, Boca Raton FL, USA.

Kabata-Pendias, A. e Pendias, H. 1992. *Trace Elements in Soils and Plants*. 2nd edition, CRC Press, Boca Raton FL, USA.

Kaistha, B. P., Sood, R. D. e Kanwar, B. S. 1990. Distribuição do azoto em alguns perfis de solos florestais da região noroeste dos Himalaias. *Journal of the Indian Society of Soil Science* **38**: 15-20.

Kamali, S. A., Ronaghi e Karimian, N. 2010. Transformação do zinco num solo calcário afetado pelo sulfato de zinco aplicado, vermicomposto e tempo de incubação. *Comunicações em Ciência do Solo e Análise de Plantas* **41**: 2318-2329.

Kashem, M. A., Singh, R., Kondo, Imamul-Huq, M. e Kawai, S. 2007. Comparação da extractibilidade de Cd, Cu, Pb e Zn com extração sequencial em solos contaminados e não contaminados. *Jornal Internacional de Ciência e Tecnologia Ambiental* **4**: 169-176.

Khurana, M. P. S. e Bansal, R. L. 2008. Impact of sewage irrigation on speciation of nickel in soils and its accumulation in crops of industrial towns of Punjab (Impacto da irrigação por esgotos na especiação de níquel nos solos e sua acumulação em culturas de cidades industriais do Punjab). *Journal of Environmental Biology* **29**: 793-798.

Kotoky, P., Bora, B. J., Baruah, N. K., Baruah, P. e Borah G. C. 2003. Chemical fractionation of heavy metals in soils around oil installation, Assam. *Chemical Species and Bioavailability* **15**: 115-125.

Kparmwang, T. e Malgwi, W. B. 1997. *Alguns micronutrientes disponíveis em perfis de Ultisols e Entisols desenvolvidos a partir de arenito no noroeste da Nigéria*. **In**: Procedimentos da 23rd Conferência Anual da Sociedade de Ciência do Solo da Nigéria sobre Gestão de Terras Marginais na Nigéria. Singh, B. R. (editor), pp 245-52.

Kraepiel, M. L., Keller, K. e Morel, M. M. 1999. Um modelo para a adsorção de metais na montmorilonite. *Journal of Colloid Interface Science* **210**: 43-54.

Krishna, A. K. e Govil, P. K. 2007. Contaminação do solo devido a metais pesados numa zona industrial de Surat, Gujarat, na Índia ocidental. *Environmental Monitoring and Assessment* **124**: 263-275.

Kumar, M. e Babel, A. L. 2011. Estado dos micronutrientes disponíveis e sua relação com as propriedades do solo de Jhunjhunu Tehsil, Distrito Jhunjhunu, Rajasthan. *India Journal of Agricultural Sciences* **3**: 20 - 31.

Kuo, S., Huang, B. e Bembenek, R. 2004. A disponibilidade para a alface de zinco e cádmio num fertilizante de zinco. *Soil Science* **169**: 363-373.

Lake, D. L., Kirk, P. W. W. e Lester, J. N. 1984. Fracionamento, caraterização e especiação de metais pesados em solos tratados com águas residuais e lamas: A review. *Journal of Environmental Quality* **13**: 175-183.

Laurent, M. e Pierre, T. J. 2010. Análise estatística multivariada de oligoelementos no solo em escombreiras, sudeste do Congo-Brazzaville. *Revista africana de ciências básicas e aplicadas* **2**: 81-88.

Lee, S. W., Lee, B. T., Kim, J. Y., Kim, K. K. e Lee, J. S. 2006. Avaliação do risco humano para os metais pesados e a contaminação por as nos locais de minas de metal abandonadas, Coreia. *Environmental Monitoring and Assessment* **119**: 233-244.

Lestan, D., Grcman, H., Zupan, A. e Bacac, N. 2003. Relação das propriedades do solo com o fracionamento de Pb e Zn no solo e a sua absorção por *Plantago lanceolata*. *Soil and Sediment Contamination* **12**: 507-522.

Li, B., Wei, M., Alin Shen, Xu, J., Zhang, H. e Hao, F. 2009. Alterações de rendimentos, propriedades do solo e micronutrientes afectados por dezassete anos de tratamentos de fertilização. *Journal of Food, Agriculture and Environment* **7**: 408-413.

Li, J. X., Yang, X. E., He, Z. L., Jilani, G. C., Sun, Y. e Chen, S. M. 2007. Fracionamento do chumbo em solos de arroz e sua biodisponibilidade para as plantas de arroz. *Geoderma* **14**: 174-180.

Li, X. e Thornton, I. 2001. Chemical partitioning of trace and major elements in soils contaminated by mining and smelting activities. *Applied Geochemistry* **16**: 1693-1706.

Lindsay, W. L. 1972. Equilíbrio da fase inorgânica dos micronutrientes nos solos. **In**: *Micronutrientes na Agricultura*. Soil Science Society of America, EUA, pp 41-57.

Lindsay, W. L. e Norvell, W. A. 1978. Desenvolvimento de testes de solo DTPA para Zn, Fe, Mn e Cu. *Soil Science Society of America Journal* **42**: 421-428.

Lindsay, W. L. e Norvell, W. A. 1969. Um teste de micronutrientes no solo para Zn, Fe, Mn e Cu. *Agronomy Abstracts, American Society of Agronomy*, pp 84.

Lombi, E., Nolan, A. L. e McLaughlin, M. J. 2006. Atenuação natural a curto prazo do cobre nos solos: efeitos do tempo, da temperatura e das características do solo. *Environmental Toxicology and Chemistry* **25**: 652-658.

Ma, L. Q. e Rao, N. 1997. Fracionamento químico de cádmio, cobre, níquel e zinco em solos contaminados. *Journal of Environmental Quality* **26**: 259-264.

Ma, Y. B., Lombi, E., Nolan, A. L. e McLaughlin, M. J. 2006. Atenuação natural a curto prazo do cobre nos solos: Efeitos do tempo, da temperatura e das características do solo. *Environmental Toxicology and Chemistry* **25**: 652658.

Mahapatra, S. K., Walia, C. S., Sidhu, G. S., Rana, K. C. e Tarseam, L. 2000. Characterization and classification of soils of different physiographic units in the sub-humid ecosystem of Kashmir region. *Journal of the Indian Society of Soil Science* **48**: 572-577.

Maiz, I., Arambarri, I., Garcia, R. e Millan, E. 2000. Avaliação da disponibilidade de metais pesados em solos poluídos através de dois procedimentos de extração sequencial utilizando a análise de factores. *Environment Pollution* **110**: 3-9.

Mali, V. S., Zende, N. A. e Verma, U. K. 2002. Correlação entre as propriedades físico-químicas do solo e os micronutrientes disponíveis em solos afectados por sal. *17th WCSS*, Tailândia, pp 14-22.

Manno, E., Varrisa, D. e Dongarra, G. 2006. Distribuição de metais em amostras de poeiras rodoviárias recolhidas numa área urbana perto de uma fábrica petroquímica em Gela, Sicília. *Atmospheric Environment* **40**: 5929-5941.

Mantovi, P. G., Bonazzi, E., Maestri e Marmiroh, N. 2003. Acumulação de cobre e zinco de estrume líquido em solos agrícolas e plantas cultivadas. *Plant Soil* **250**: 249-257.

Martinez-Villegas, N. e Martinez, C. E. 2008. Os compostos orgânicos em fase sólida e em solução determinam a distribuição e a especiação do cobre em sistemas multicomponentes que contêm ferrihidrite, matéria orgânica e montmorilonite. *Ciência e Tecnologia Ambiental* **42**: 2833-2838.

Maskall, J. E. e Thornton I. 1998. Chemical partitioning of heavy metals in soils, clays and rocks at historical lead smelting sites. *Water Air and Soil Pollutant* **108**: 391-409.

Mathur, G. M., Deo, R. e Yadav, B. S. 2006. Status of zinc in irrigated northwest plain soils of Rajasthan. *Journal of the Indian Society of Soil Science* **54**: 359-361.

McBride, M. B. 1995. Acumulação de metais tóxicos devido à utilização agrícola de lamas: Are USEPA regulations protective. *Journal of Environment Quality* **24**: 5-18.

McLaren, R. e Clucas, L. 2001. Fracionamento de cobre, níquel e zinco em lamas de depuração contaminadas com metais. *Journal of Environment Quality* **30**: 19681975.

McLaughlin, M. J., Zarcinas, B. A., Stevens, D. P. e Cook, N. 2000. Soil testing for heavy metals. *Communications in Soil Science and Plant Analysis* **31**: 1661-1700.

Mekichirwa, Olusegun, A. e Yerokun, 2012. A distribuição das fracções de zinco em amostras de superfície de solos agrícolas seleccionados da Zâmbia. *Jornal Internacional de Ciência do Solo* **7**: 51-60.

Minhas, N. e Chhibba, I. M. 1999. Transformações do zinco num solo de arroz irrigado com água sódica. *Indian Journal of Agricultural Sciences* **69**: 251-253.

Minkina, T. M., Motuzova, G. V., Nazarenko, O. G., Kryshchenko, V. S. e Mandzhieva, S. S. 2008. Abordagem combinada para o fracionamento de compostos metálicos nos solos. *Eurasian Soil Science* **11**: 1324-1333.

Moja, S. J. 2007. Fracções e distribuições de manganês no pó das ruas e nos solos das bermas das estradas de Tshwane, África do Sul. *Dissertação de doutoramento* apresentada ao Departamento de Ciências do Ambiente, da Água e da Terra, Universidade de Tecnologia, Tshwane, pp 50-130.

Moller, A., Muller, H. W., Abdullah, Abdelgawad, A. G. e Utermann, J. 2005. Poluição do solo urbano em Damasco, Síria: Concentrações e padrões de metais pesados nos solos. *Geoderma* **124**: 63-71.

Mondal, A. K., Sharma, V., Jalali, V. K., Sanjay, A., Wali, P. e Deepak, K. 2007. Distribution and relationship of macro and micronutrients in soils of Chattha, the newly established location of SKUAST of Jammu. *Jornal de Investigação, SKUAST-(J)* **6**:

234-242.

Morabito, R. 1995. Técnicas de extração na análise de especiação de amostras ambientais. *Fresenius Journal of Analytical Chemistry* **351**: 378-385.

Msaky, J. J. e Calvet, R. 1990. Comportamento de adsorção de cobre e zinco em solos: influência do pH nas características de adsorção. *Ciência do Solo* **150**: 513-522.

Muneshwar, S. e Sekhon, G. S. 1993. Micronutrientes extraíveis com DTPA em algumas séries de solos de referência da Índia. *Journal of the Indian Soil Science Society* **41**: 566-568.

Mustapha, S., Voncir, N., Umar, S. e Abdulhamid, N. A. 2011. Estado e distribuição de alguns micronutrientes disponíveis nos *usterts haplic* da área do governo local de akko, Estado de Gombe, Nigéria. *Revista Internacional de Ciência do Solo* **6**: 267-274.

Najar, G. R. 2002. Estudos sobre a pedogénese e a indexação de nutrientes em solos de cultivo de maçã (Red delicious) em Caxemira. *Tese de doutoramento* apresentada à Universidade de Ciências e Tecnologias Agrícolas de Caxemira, Shalimar, Srinagar, pp 5-20.

Narwal, R. P. e Singh, B. R., 1998. Effect of organic materials on partitioning, extractability and plant uptake of metals in an alum shale soil. *Water, Air and Soil Pollutant* **103**: 405-421.

Nayyar, V. K., Arora, C. L. e Kataki, P. K. 2001. Management of soil micronutrients deficiencies in the rice-wheat cropping system. *Journal of Crop Production* **4**: 87-131.

Nazif, W., Perveen, S. e Saleem, I. 2006. Status of micronutrients in soils of district Bhimber (Azad Jammu and Kashmir). *Journal of Agricultural and Biological Science* **1**: 6140-6145.

Nazif, W., Perveen, Sajida e Saleem. 2006. Status of micronutrients in soils of district Bhimberazad Jammu and Kashmir (Estado dos micronutrientes nos solos do distrito de Bhimberazad Jammu e Caxemira). *Jornal de Ciências Agrárias e Biológicas* **1**: 35-40.

Nemati, K., Abu Bakar, N. K., Sobhanzadeh, E. e Abas, M. R. 2009. Uma modificação do procedimento de extração sequencial BCR para investigar a mobilidade potencial do cobre e do zinco nas lamas de aquacultura de camarão. *Microchemistry Journal* **92**: 165-169.

Nikola, K., Wilson, J. M., Miodrag, Z. e Derek, B. 2001. Mineralogy and geochemical speciation of heavy metals in some serpentine soils of Serbia.

natres.psu.ac.th/Link/SoilCongress/bdd/symp22/1757-r.pdf.

Obrador, J. M., Alvarez, L. M., Lopez-Valdivia, D., Gonzalez, J. e Novillo, M. I. 2006. Relações das propriedades do solo com a distribuição de Mn e Zn em solos ácidos e a sua absorção por uma cultura de cevada. *Geoderma* 13: 432-443.

Olubunmi, F. E. 2010. Especiação de metais pesados no solo da área afetada pelo depósito de betume da Nigéria Ocidental. *Jornal Europeu de Investigação Científica* 47: 265-277.

Onianwa, P. C. 2001. Concentração de chumbo e outros metais pesados no solo da berma da estrada em Ibadan, Nigéria. *Soil and Sediment Contamination* 10: 577-591.

Osakwe, S. A. 2012. Partição química de ferro, cádmio, níquel e crómio em solos contaminados do sudeste da Nigéria. *Revista de Investigação em Ciências Químicas* 2: 1-9.

Oviasogie, P. O. e Ndiokwere, C. L. 2008. Fracionamento de chumbo e cádmio em solo de lixeira tratado com efluente de moinho de mandioca. *Jornal de Agricultura e Ambiente* 9:10-18.

Pakula, K. e Kalembasa, D. 2009. Distribuição das fracções de níquel em luvisols florestais na planície do sul de Podlasie. *Journal of Elemental* 14: 517525.

Pal, A. K., Das, P. R., Patnaik, S. K. e Mandal, B. 1997. Zinc fractions in some rice growing soils of Orissa. *Journal of Indian Society of Soil Science* 45: 734-738.

Perveen, S., Tariq, M., Farmanullah, Khattak, J. K. e Hamid, A. 1993. Estudo do estado dos micronutrientes em alguns locais importantes do Paquistão. *Sarhad Journal of Agriculture* 9: 467-473.

Petruzzeli, G. 1989. Reciclagem de resíduos na agricultura: Biodisponibilidade de metais pesados. *Agricultura, Ecossistema e Ambiente* 27: 493-503.

Petruzzelli, G., Guidi, G. e Lubrano, L. 1985. Efeito da força iónica na adsorção de metais pesados pelo solo. *Communications in Soil Science and Plant Analysis* 16: 971-986.

Pichtel, J., Sawyerr, H. T. e Czarnowska, K. 1997. Distribuição espacial e temporal de metais nos solos de Varsóvia, Polónia. *Environment Pollutant* 98: 169-174.

Pietrzak, U. e McPhail, D. C. 2004. Acumulação, distribuição e fracionamento de cobre em solos de vinhas de Victoria, Austrália. *Geoderma* 122: 151-166.

Ping, G. U. O., Zhong-lei, X. I. E. e Jun, L. I. 2011. Fracionamento de Pb, Cd, Cu, Zn e Ni em solos urbanos de Changchun, China. *Revista académica da China* 2: 180-187.

Piper, C. S. 1966. *Soil and Plant Analysis.* Hans Publishers, Bombaim, pp 164.

Powell, K. J., Brown, P. L., Byrne, R. H., Gajda, T., Hefter, G., Sjoberg, S. e Wanner, H.

2005. Especiação química de metais pesados significativos para o ambiente com ligandos inorgânicos. *Química Pura e Aplicada* **77**: 739-800.

Prasad, P. e Sarangathem, I. 1993. Adsorção de zinco como afetada pelas suas fontes em solos calcários. *Journal of Indian Society of Soil Science* **41**: 261265.

Prasad, R., Prasad, B. L. e Sakal, R. 1995. Efeito da submersão na transformação das formas de Zn em solos aluviais antigos que cultivam arroz em função das propriedades do solo. *Jornal da Sociedade Indiana de Ciência do Solo* **43**: 368-371.

Pueyo, M., Sastre, J., Hernandez, E., Vidal, M., Lopez-Sanchez, J. F. e Rauret, G. 2003. Previsão da mobilidade de elementos vestigiais em solos contaminados por extração sequencial. *Journal Environmental Quality* **32**: 2054-2066.

Puri, A. N. 1930. Um novo método de estimativa de carbonatos totais em solos. *Pusa Bulletin, No. 73,* Imperial Agriculture Research, Nova Deli.

Purushothaman, P. e Chakrapani, G. J. 2007. Fracionamento de metais pesados nos sedimentos do rio Ganga, Índia. *Environmental Monitoring and Assessment* **132**: 475-489.

Qian, J., Wang, Z. J., Shan, X. Q., Tu, Q., Wen, B. e Chen, B. 1996. Avaliação da disponibilidade de metais vestigiais do solo para as plantas por fracionamento químico e análise de regressão múltipla. *Environmental Pollution* **91**: 309-315.

Rahmani, B., Tehrani, M. M., Khanmirzaei, A. e Shahbazi, K. 2012. Frações de cádmio e sua absorção pela planta de trigo em alguns solos calcários do Irã. *Revista Internacional de Investigação e Revisão Agrícola* **2**: 461466.

Ramos, L., Hernandez, L. M., Gonzales, M. J. 1994. Fracionamento sequencial de cobre, chumbo, cádmio e zinco em solos provenientes ou próximos do Parque Nacional de Donana. *Revista de Qualidade Ambiental* **23**: 50-57.

Randhawa, N. S. e Singh, S. P. 1995. Distribuição de fracções de micronutrientes em solos aluviais do Punjab. *Journal of Indian Society of Soil Science* **43**: 124-126.

Razdan, H. Z., 1995. Pools químicos de catiões de micronutrientes na zona árida e fria de Ladakh, influenciados pelas propriedades do solo. *Tese de mestrado* apresentada à Universidade de Ciências Agrícolas e Tecnologia de Caxemira, Shalimar, Srinagar, pp 58.

Regmi, B., Rengel, Z. e Shaberi-Khabaz, H. 2010. Fracionamento e distribuição de zinco em solos de sistemas agrícolas geridos de forma biológica e convencional, Austrália Ocidental. **In**: *19th Congresso Mundial de Ciência do Solo sobre Soluções de Solo para um Mundo em Mudança*. Brisbane, Austrália.

Rengel, Z. 2001. Diferenças genotípicas na eficiência da utilização de micronutrientes nas culturas. *Comunicações em Ciência do Solo e Análise de Plantas* **32**: 1163-1186.

Rhoades, J. D. 1982. Capacidade de troca catiónica. **In**: *Métodos de Análise do Solo: Chemical and Microbiological Properties*. Part-II (Editores Page, A. L., Miller, R. H. e Keeney, D. R.). Sociedade Americana de Agronomia e Sociedade de Ciência do Solo da América, Madison, Wiscosin, EUA.

Rieuwerts, J. S., Ashnore, M. R., Farago, M. E. e Thornton, I. 2005. The influence of soil characteristics on the extractability of Cd, Pb and Zn in upland and moorland soils. *Science of Total Environment* **366**: 864-875.

Rivero, V. C., Masedo, M. D., Dela Villa, R. V. 2000. Efeito das propriedades do solo na retenção de zinco em solos agrícolas. *Agrochimica* **43**: 46-54.

Rodriguez-Rubio, P., Morillo, E., Madrid, L., Undabeytia, T. e Maqueda, C. 2003. Retenção de cobre por um solo calcário e suas fracções texturais: influência da alteração com dois resíduos agro-industriais. *Jornal Europeu de Ciência do Solo* **54**: 401-409.

Rollin, H., Mathee, A., Levin, J., Theodorou, P. e Wewersc, F. 2005. Concentrações de manganês no sangue de crianças do primeiro ano de escolaridade em duas cidades sul-africanas. *Investigação Ambiental* **97**: 93-99.

Ronan, E. 2007. Importância dos microelementos, sua disponibilidade, problemas e possíveis soluções através de quelatos. *Hidroponia Prática e Estufas* **1**: 39-41.

Sakal, R. 2000. Efeitos a longo prazo da gestão do azoto, do fósforo e do zinco no rendimento das culturas e na disponibilidade de micronutrientes no sistema de cultivo arroz-trigo em *solos* calcários. **In**: *Long-term Soil Fertility Experiments in Rice-Wheat Cropping Systems (Experiências de Fertilidade do Solo a Longo Prazo em Sistemas de Cultivo de Arroz-Trigo)*. *Rice-Wheat* Consortium Paper Series 6, Rice-Wheat Consortium for the Indo-Gangetic Plains, Nova Deli, Índia.

Sakal, R., Singh, A. P., Singh, B. P., Sinha, R. B., Jha, S. N. e Singh, S. P. 1985. Distribution of available micronutrient cations in calcareous soils as related to certain soil properties. *Journal of the Indian Society of Soil Science* **33**: 672-675.

Sallam, S. 2002. Status de micronutrientes de Mollisols (região montanhosa do sudoeste, Arábia Saudita). *Jornal da Sociedade Saudita de Ciências Agrícolas* **1**: 1-21.

Samndi, M. A., Raji, B. A. e Kparmwang, T. 2007. Efeitos a longo prazo de espécies de árvores exóticas (*Tectona grandis* Linn. F) sobre o estado das amostras extraíveis. *Fresenius Journal of Analytical Chemistry* **351**: 378-385.

Sauve, S., Dumestre, M., McBride, M. B. e W. H. Hendershot. 1998. Derivação de critérios de qualidade do solo utilizando a especiação química prevista de Pb^{2+} e Cu^{2+} . *Ambiente Toxicologia Química* **17**: 1481-1489.

Sauve, S., Hendershot, W. e Allen, H. 2000. Partição de metais em solução sólida em solos contaminados: dependência do pH, carga total de metais e matéria orgânica. *Environment Science Technology* **34**: 1125-1131.

Sauve, S., Manna, S., Turmel, M. C., Roy, A. G. e Courchesne, F. 2003. Partição em solução sólida de Cd, Cu, Ni, Pb e Zn nos horizontes orgânicos de um solo florestal. *Ciência e Tecnologia Ambiental* **37**: 5191-5196.

Sauve, S., McBride, M. B. e Hedershot, W. H. 1997. Speciation of lead in contaminated soils (Especiação do chumbo em solos contaminados). *Environmental Pollution* **98**: 149-155.

Schulthess, C. P. e C. P. Huang. 1990. Adsorção de metais pesados por superfícies de óxido de silício e alumínio em minerais de argila. *Soil Science Society of America Journal* **54**: 679-688.

Sharma, B. e Mukherjee, D. P. 2011. Fracionamento geoquímico de alguns metais pesados em solos na vizinhança da área mineira de Sukinda, Orissa. *Avanços na investigação científica aplicada* **2**: 263-272.

Sharma, B. D., Anubhuti, S., Rajinder, S. e Dhaliwala, S. S. 2009. Distribuição de diferentes formas de Mn e sua associação com as propriedades do solo em solos da zona árida de Punjab, Índia. *Arquivos de Agronomia e Ciência do Solo* **57**: 15-26.

Sharma, B. D., Arora, H., Kumar, R. e Nayyar, V. K. 2004. Relationships between soil characteristics and total and DTPA-extractable micronutrients in inceptisols of Punjab. *Communications in Soil Science and Plant Analysis* **35**: 799-818.

Sharma, B. D., Chahal, D. S., Singh, P. K. e Kumar, R. 2008. Formas de ferro e sua associação com as propriedades do solo em quatro ordens taxonómicas de solos áridos e semi-áridos do Punjab, Índia. *Communications in Soil Science and Plant Analysis* **39**: 2550-2567.

Sharma, B. D., Mukhopadhyay, S. S. e Arora, H. 2005. Total and DTPA- extractable micronutrients in relation to pedogenesis in some alfisols of Punjab, India. *Soil Science* **170**: 559-572.

Sharma, B. D., Mukhopadhyay, S. S., Sidhu, P. S. e Katyal, J. C. 2000. Pedospheric attributes in distribution of total and DTPA-extractable Zn, Cu, Mn and Fe in Indo-Gangetic plains. *Geoderma* **96**: 131-151.

Sharma, B. D., Sidhu, P. S. e Nayyar, V. K. 1992. Distribuição de micronutrientes em solos de zonas áridas do Punjab e sua relação com as propriedades do solo. *Arid Soil Research and Rehabilitation* **6**: 233-242.

Sharma, B. D., Sidhu, P. S., Gurmel, S. S., Mukhopadhyay, S. S. e G. Singh. 1996. Elemental distribution and mineralogy of arid zone soils of Punjab. *Journal of the Indian Society of Soil Science* **44**: 746-752.

Sharma, R. K., Jalali, V. K., Gupta, J. P., Pareek, Navneet, Wali, Pardeep. 2003. Zinc status and its response to various crops in soils of different agro- climatic zones of Jammu & Kashmir. *Jornal de Investigação SKUAST (J)* **2**: 75-80

Shiowatana, J., Tantidanai, N. S., Nookabkaew e Nacapricha, D. 2001. Heavy Metals in the Environment: a Novel Continuous-Flow Sequential Extraction Procedure for Metal Speciation in Solids (Metais pesados no ambiente: um novo procedimento de extração sequencial de fluxo contínuo para especiação de metais em sólidos). *Jornal de Qualidade Ambiental* **30**: 1195-1205.

Shober, A. L. 2007. Fracionamento químico de elementos vestigiais em solos com biossólidos e correlação com elementos vestigiais em tecidos de culturas. *Comunicações em Ciência do Solo e Análise de Plantas* **38**: 1029-1046.

Shober, A. L. 2007. Fracionamento químico de elementos vestigiais em solos com biossólidos e correlação com elementos vestigiais em tecidos de culturas. *Comunicações em Ciência do Solo e Análise de Plantas* **38**: 1029-1046.

Shuman, L. M. 1988. Efeito da matéria orgânica na distribuição de manganês, cobre, ferro e zinco nas fracções do solo. *Ciência do Solo* **146**: 192-198.

Sidhu, G. S. e Sharma, B. D. 2010. Diethylenetriaminepenta- aceticacid- extractable micronutrients status in soil under a rice-wheat system and their relationship with soil properties in different agro-climatic zones of Indo-Gangetic Plains of India. *Comunicações em Ciência do Solo e Análise de Plantas* **41**: 29-51.

Sims, J. L. e Wells, K. L. 1985. Gestão de solos ácidos para a produção de tabaco Burly. *Departamento de Agronomia*, 8-85, AGR-109.

Sims, J. T. 1986. Soil pH effects on the distribution and plant avail- ability of manganese, copper and zinc. *Jornal da Sociedade Indiana de Ciência do Solo* **50**: 367-369

Sims, J. T. e Kline, J. S. 1991. Chemical fractionation and plant uptake of heavy metals in soil amended with co-composted sewage sludge. *Journal of Environmental Quality* **20**: 387-395.

Singh, A. K., Khan, S. K. e Nongkynrh, P. 1999. Transformação do zinco em solos de arroz de zonas húmidas em relação à nutrição da cultura do arroz. *Journal of Indian Society of Soil Science* **47**: 248-253.

Singh, B. e Gilkes, R. J. 1992. Propriedades e distribuição de óxidos de ferro e sua associação com elementos menores nos solos do sudoeste da Austrália. *Journal of Soil Science* **43**: 77-98.

Singh, B. R. 2006. Atenuação natural da disponibilidade de elementos vestigiais nos solos avaliada por extração química. **In:** *Natural Attenuation of Trace Element viability in Soils* (Editores Rebecca, H. S. e McLaughlin, M. J.), Londres, Reino Unido.

Singh, B. R., Narwal, R. P., Jeng, A. S. e Almas, A. 1995. Crop uptake and extractability of cadmium in soils naturally high in metals at different pH levels. *Communications in Soil Science and Plant Analysis* **26**: 21232142.

Singh, B., Sherman, D. M., Gilkes, R. J., Wells, M. e Mosselmans, J. F. W. 2000. Química estrutural de Fe, Mn e Ni em hematita sintética determinada por espetroscopia de estrutura fina de absorção de raios X alargada. *Argilas e minerais de argila* **48**: 521-527.

Singh, G., Babu, R., Narain, P., Bhushan, L. S. e Abrol, I. P. 1997. Soil erosion rates in India (Taxas de erosão do solo na Índia). *Journal of Soil and Water Conservation* **471**: 97-99.

Singh, K. V., Singh, P. K. e Mohan, D. 2005. Status of heavy metals in water and bed sediments of river Gomti- a tributary of the Ganga river, India. *Environment Monitoring and Assessment* **105**: 43-67.

Singh, K., Kuhad, M. S. e Dhankar, S. S. 1989. Profile distribution of available micronutrients in relation to landforms and soil properties. *Journal of the Indian Society of Soil Science* **36**: 828-832.

Singh, R. S. e Singh, R. P. 1994. Distribuição de Cd, Pb, Cr, Cu, Zn, Mn e Fe extraíveis por DTPA em perfis de solo contaminados por esgotos e efluentes industriais. *Journal of the Indian Society of Soil Science* **42**: 466-468.

Sloan, J. J., Dowdy, R. H., Dolan, M. S. e Linden, D. R. 1997. Long-term effects of biosolids applications on heavy metal bioavailability in agricultural soils (Efeitos a longo prazo das aplicações de biossólidos na biodisponibilidade de metais pesados em solos agrícolas). *Journal of Environmental Quality* **26**: 966-974.

Som, S. K. e Joshi, R. 2002. Chemical weathering of serpentinite and Ni enrichment in Fe oxide at Sukina area, Jajpur district, Orissa, India. *Economic Geology* **97**: 165-172.

Soumare, M. F., Tack, M. G. e Verloo, M. G. 2003. Distribuição e disponibilidade de ferro, manganês, zinco e cobre em quatro solos agrícolas tropicais. *Communications in soil science and plant analysis* **34**: 1023-1038.

Sposito, G. 2008. *The Chemistry of Soils*. 2nd Edition, Oxford University Press, Inc., Nova Iorque.

Sposito, G., Lund, L. J. e Chang, A. C. 1982. Trace metal chemistry in arid zone field soils amended with sewage sludge. *Jornal da Sociedade Americana de Ciência do Solo* **46**: 260-264

Spurgeon, D. J., Hopkin, S. P. e Jones, D. T. 1994. Effects of cadmium, copper, lead and zinc on growth, reproduction and survival of the earthworm *Eisenia fetida* (savigny): Assessing the environmental impact of pointource metal contamination in terrestrial ecosystems. *Environmental Pollution* **84**: 123-130.

Strawn, D. G., Hickey, P., Knudsen, A. e Baker, L. 2007. Geoquímica de solos húmidos contaminados com chumbo alterados com fósforo. *Geologia Ambiental* **51**: 109-122.

Sudhir, K., Gowda, S. M. M. e Siddaramappa, R. 1997. Status de micronutrientes de um alfisol sob fertilização de longo prazo e cultivo contínuo. *Mysore Journal of Agricultural Sciences* **31**: 111-116.

Sultan, K. 2007. Distribuição de metais e arsénico em solos do centro de Victoria (Creswick-Ballarat), Austrália. *Contaminação Ambiental e Toxicologia* **52**: 339-346.

Tack, F. M. G. e Verloo, M. G. 1995. Especiação química e fracionamento na análise de metais pesados em solos e sedimentos: uma revisão. *International Journal of Environmental Analytical Chemistry* **59**: 225-238.

Tagwira, F., Piha, M. e Mugwira, L. 1993. Distribuição do zinco nos solos do Zinbabwean e sua relação com outros factores do solo. *Communications in Soil Science and Plant Analysis* **24**: 841-861.

Tazisong, I. A., Senwo, Z. N., Taylor, R. W., Mbila, M. O. e Wang, Y. 2004. Concentração e distribuição de fracções de ferro e manganês em Ultisols do Alabama. *Ciência do Solo* **169**: 489-496.

Terzano, R., Spagnuolo, M., Vekemans, B., Nolf, W., Janssens, K., Falkenberg, G., Fiore, S. e Ruggiero, P. 2007. Avaliação da origem e destino de Cr, Ni, Cu, Zn, Pb e Va em solos industriais poluídos através de técnicas combinadas de microespectroscopia e métodos de extração em massa. *Ciência e Tecnologia Ambiental* **41**: 6762-6769.

Tessier, A., Campbell, P. G. C e Bisson, M. 1979. Procedimento de extração sequencial para a especiação de vestígios de metais em partículas. *Analytical Chemistry* **51**: 844-851.

Teutsch, N., Yigal, E., Halicz, L. e Banin, A. 2001. Distribuição do chumbo natural e antropogénico nos solos mediterrânicos. *Geochimica et Cosmochimica Ata* **65**: 285-2864.

Thind, S. S., Takkar, P. N. e Bansal, R. L. 1990. Chemical pools of zinc and the critical deficiency level for predicting response of corn to zinc application in alluvium derived alkaline soils. *Ata Agronomica Hungarica* **39**: 219-226.

Thomson, G. 2005. Heavy metals and heavy metal poisoning. *World of Chemistry* **2**: 210-216.

Tokalioglu, S., Kartal, S. e Elc, L. 2002. A utilização de extractantes em estudos sobre metais vestigiais nos solos. *Analytical Chimica Ata* **33**: 410-413.

Tsadilas, C. D., Karaivazoglou, N. A., Tsotsolis, N. C., Stamatiadis, S. e Samaras, V. 2005. Cadmium uptake by tobacco as affected by caling, N form, and year of cultivation. *Environmental Pollution* **134**: 239-246.

Tudoreanu, L. e Phillips, C. J. C. 2004. Modelação da absorção e acumulação de cádmio nas plantas. *Avanços em Agronomia* **84**: 121-157.

Udom, B. E., Mbagwu, J. S. C., Adesodun, J. K. e Agbim, N. N. 2004. Distribuição de zinco, cobre, cádmio e chumbo num Ultisols tropical após a eliminação a longo prazo de lamas de depuração. *Ambiente Internacional* **30**: 467470.

Udom, B. E., Mbagwu, J. S. C., Adesodun, J. K. e Agbim, N. N. 2004. Distribuição de zinco, cobre, cádmio e chumbo num Ultisols tropical após a eliminação a longo prazo de lamas de depuração. *Ambiente Internacional* **30**: 467470.

Ure, A. M., Quevauviller, P., Muntau, H. e Griepink, B. 1993. Speciation of heavy-metals in soils and sediments. Um relato da melhoria e harmonização das técnicas de extração realizadas sob os auspícios do BCR da Comissão das Comunidades Europeias. *International Journal of Environmental Analytical Chemistry* **51**: 135-151.

Usman, A. R. A., Kuzyakov, Y. e Stahr. K. 2004. Dinâmica da mineralização de C orgânico e da fração móvel de metais pesados em solos calcários incubados com resíduos orgânicos. *Water, Air and Soil Pollutant* **158**: 401418.

Vanni, A., Gennaro, M. C., Fedele, A., Piccone, G., Petronio, B. M., Petruzelli, G. e Liberatori, A. 1994. Leachability of heavy metals in municipal sewage sludge particulate. *Tecnologia Ambiental* **15**: 71-78.

Vega, F. A., Covelo, E. F., Chao, I. e Andrade, M. L. 2007. Papel de diferentes frações do solo na sorção de cobre pelos solos. *Comunicações em Ciência do Solo e Análise de Plantas* **38**: 2887-2905.

Verma, V. K., Setia, R. K., Sharma, P. L., Charanjit, S. e Kumar, A. 2005. Pedospheric Variations in distribution of DPTA- extractable micronutrients in soils developed on different physiographic units in central parts of Punjab, India. *Jornal Internacional de Biologia Agrícola* **7**: 243 - 246.

Vijayakumar, R., Arokiaraj, A. e Martin, P. 2011. Micronutrientes e sua relação com as propriedades do solo de solos costeiros propensos a desastres naturais. *Revista de Investigação em Ciências Químicas* **1**: 111-118.

Vijver, M. G., VanGestel, C. A. M., Lanno, R. P. N. M., Van Straalen e Peijnenburg, W. J. G. M. 2004. Sequestro interno de metais e sua relevância ecotoxicológica. *A review. Ciência e Tecnologia Ambiental* **38**: 4705-4712

Vodyanitskii, Y. N. 2006. Métodos de extração sequencial de metais pesados dos solos. *Eurasian Soil Science* **39**: 1074-1083.

Wang, D. C., Cui, Y. S., Liu, X. M., Dong, Y. T. e Christie, P. 2003. Soil contamination and plant uptake of heavy metals at polluted sites in China (Contaminação do solo e absorção de metais pesados pelas plantas em sítios poluídos na China). *Journal of Environment Science and Health* **38**: 823-838.

Wang, S., Jia, Y., Wang, S., Wang, X., Wang, H., Zhao, Z. e Liu, B. 2010. Fracionamento de metais pesados em sedimentos marinhos pouco profundos da Baía de Jinzhou, China. *Journal of Environmental Sciences* **22**: 23-31.

Wani, M. A. 2000. Efeito da fertilização com enxofre nas propriedades do solo e nas fracções de enxofre em solo calcário do centro de Caxemira. *Applied Biological Research* **2**: 101-105.

Wani, M. A., Mushtaq, Z. e Nazir, S. 2010. Mapeamento de micronutrientes dos solos de arroz submersos de Caxemira. *Research Journal of Agricultural Sciences* **1**: 458-462.

Wei-Huang, Z. H. U., Ting-lin, H., Chai, B. B., Yang, P. e Jing-lan Y. A. O. 2010. Influência das condições ambientais no fracionamento de metais pesados no sedimento do reservatório de Fenhe. *Geochemical Journal* **44**: 399-410.

Wijebandara, D. M. D. I., Dasong, G. S. e Patil, P. L. 2011. Zinc Fractions and their relationships with Soil properties in Paddy growing soils of Northern Dry and hill zones o f Karnataka. *Journal of the Indian Society of Soil Science* **59**: 141-147.

Williams, C., Nascimento, A., Fontes, R. L. F. e Dias, A. C. F. 2003. Disponibilidade de cobre em relação às frações de cobre do solo em oxisols sob calagem. *Ciência e Agricultura* **60**: 67-74.

Wilson, C. A., Cresser, M. S. e Davidson, D. A. 2006. Sequential element extraction of soils from abandoned farms: an investigation into the partitioning of anthropogenic element inputs from historic land use. *Journal of Environmental Monitoring* **8**: 439-444.

Xian, X. 1989. Efeito das formas químicas de cádmio, zinco e chumbo em solos poluídos na sua absorção por plantas de couve. *Plant and Soil* **113**: 2165-2175.

Xinde, C., Xiaorong, W. e Guiwen, Z. 2000. Avaliação da biodisponibilidade de elementos de terras raras nos solos por fracionamento químico e análise de regressão múltipla. *Chemosphere* **40**: 23-28.

Xuelu, G., Shaoyong, C. e Aimin, L. 2008. Especiação química de metais em sedimentos de superfície do Norte do Mar do Sul da China com granulometria natural. *Boletim de poluição marinha* **56**: 770-797.

Yadav, K. K. 2008. Micronutrient status in soils of Udaipur district of Rajasthan. *Hydrology Journal* **31**: 3-4.

Yadav   , R. L. e Meena, M. C. 2009. Estado dos micronutrientes disponíveis e relação com as propriedades do solo da série de solos Degana do Rajastão. *Jornal da Sociedade Indiana de Ciência do Solo* **57**: 90-92.

Yang, J., Mosby, D. E., Casteel, S. W. e Blanchar, R. W. 2002. Bioacessibilidade do chumbo in vitro e lixiviação de fosfato afectadas pela aplicação superficial de ácido fosfórico em solo contaminado com chumbo. *Environmental Contamination and Toxicology* **43**: 399-405.

Yarlagadda, P. Y., Matsumoto, M. R., VanBenschoten, J. E. e Kathuria A. 1995. Características dos metais pesados em solos contaminados. *Journal Environmental Engineering* **12**: 276-286.

Yobouet , Y. A., Adouby, K., Trokourey, A. e Yao, B. 2010. Especiação de cádmio, cobre, chumbo e zinco em solos contaminados. *Jornal Internacional de Ciência e Tecnologia de Engenharia* **2**: 802-812

Zachara, J. M., Smith, S. C., MicKinley, J. P. e Resch, C. T. 1993. Sorção de cádmio em esmectitas do solo em electrólitos de sódio e cálcio. *Soil Science Society of America Journal* **57**: 1491-1501.

Zakir, H. M. 2008. Partição geoquímica de metais vestigiais: Uma avaliação de diferentes métodos de fracionamento e avaliação da poluição antropogénica em sedimentos de rios. *Dissertação de doutoramento* apresentada à Universidade Keio de Yokohama, Japão, pp 223-8522.

Zalidis, G., Barbauiarinis, M. e Matsi, T. 1999. Formas e distribuição de metais pesados nos solos do Delta de Axios, no Norte da Grécia. *Communications in Soil Science and Plant Analysis* **30**: 817-827.

Zauyah, S., Julian, B., Noorhafiza, H. R., Fauziah, C. L. e Rosenanic, A. B. 2004. Concentração e especiação de metais pesados em alguns Utisols e Inceptisols cultivados e não cultivados na Malásia peninsular. **In:** *Actas do Super Soil 3rd Conferência do Solo da*

Austrália e Nova Zelândia. Universidade de Sydney, Austrália.

Zhang, M., Alva, A. K., Li, C. e Calvert, D. V. 1997. Associação química de Cu, Zn, Mn e Pb em solos arenosos de citrinos seleccionados. *Ciência do Solo* **162**: 181187.

Zhang, M., Alva, A. K., Li, C. e Calvert, D. V. 1997. Associação química de Cu, Zn, Mn e Pb em solos arenosos de citrinos seleccionados. *Ciência do Solo* **162**: 181187.

Zhang, T. H., Shan, X. Q. e Li, F. L. 1998. Comparação de dois procedimentos de extração sequencial para análise de especiação de metais em solos e disponibilidade de plantas. *Comunicações em Ciência do Solo e Análise de Plantas* **29**: 1023-1034.

I want morebooks!

Buy your books fast and straightforward online - at one of world's fastest growing online book stores! Environmentally sound due to Print-on-Demand technologies.

Buy your books online at
www.morebooks.shop

Compre os seus livros mais rápido e diretamente na internet, em uma das livrarias on-line com o maior crescimento no mundo! Produção que protege o meio ambiente através das tecnologias de impressão sob demanda.

Compre os seus livros on-line em
www.morebooks.shop

Printed by Books on Demand GmbH, Norderstedt / Germany